一席绮梦

——一张通作楠木挑檐架子床的解读

YIXI QIMENG

YIZHANG TONGZUO NANMU TIAOYAN

JIAZICHUANG DE JIEDU

王金祥 著

苏州大学出版社

Soochow University Press

图书在版编目（ＣＩＰ）数据

一席绮梦：一张通作楠木挑檐架子床的解读 / 王金祥著 . -- 苏州：苏州大学出版社，2021.5
ISBN 978-7-5672-3529-8

Ⅰ . ①一… Ⅱ . ①王… Ⅲ . ①床－木家具－介绍－中国 Ⅳ . ① TS665.1

中国版本图书馆 CIP 数据核字 (2021) 第 075485 号

书　　　名	一席绮梦 ——一张通作楠木挑檐架子床的解读	
著　　　者	王金祥	
策 划 编 辑	刘一霖	
责 任 编 辑	刘一霖	
文 字 统 筹	凌振荣　赵　彤　王　曦	
装 帧 设 计	宋亚军　高　坚　王　曦	
图 片 摄 影	施东升	
出 版 发 行	苏州大学出版社 （Soochow University Press）	
社　　　址	苏州市十梓街1号	
邮　　　编	215006	
网　　　址	www.sudapress.com	
印　　　刷	上海雅昌艺术印刷有限公司	
销 售 热 线	0512-67481020	
开　　　本	889 mm x 1 194 mm 1/16　印张：18.75　字数：336千	
版　　　次	2021年5月第1版	
印　　　次	2021年5月第1次印刷	
书　　　号	ISBN 978-7-5672-3529-8	
定　　　价	380.00元	

王金祥

1963年4月生，江苏南通人

正高级工艺美术师

中国通作家具研究中心主任

2019年"全国五一劳动奖章"获得者

2019年中国民间文艺"山花奖"获得者

中国民间文艺家协会会员

江苏省非物质文化遗产(通作家具制作技艺)省级代表性传承人

江苏省乡土人才"三带"名人

江苏省企业首席技师

江苏省工艺美术名人

南通通作家具博物馆馆长

南通市民间文艺家协会副主席

序

　　近几年来，由于经常到南通地区考察工艺美术与民艺项目、参加非物质文化遗产保护工作的培训活动，经徐艺乙与吴元新二位朋友介绍，我认识了王金祥先生。于是，他的工厂和南通通作家具博物馆便成了我常来常去之处。每一次相处之后，金祥都会让我对他有新的认识与感触。金祥夫妇为人热情、朴实、诚恳，初次见面就没有一丝的生分，让我感到格外的亲切与放松。相处时间久了，在金祥平和的外表之下，他内心蕴藏着的人格力量让我深受感动，他对事业的追求、对技艺的执着与精益求精的工匠精神让我无比钦佩。

　　南通是一个文化底蕴深厚的城市，尤其传统工艺美术与民间艺术源远流长，品类繁多，技艺精湛，人才辈出。清末民初，著名的实业家、政治家、教育家张謇做了几件对南通传统工艺美术与民间艺术传承发展意义深远的事情。第一件事是 1905 年他在南通创建了中国第一座公共博物馆——南通博物苑。建苑初期，博物苑藏品分天产（即自然）、历史、美术、教育四个部分，其中，历史部分有金、玉石、陶瓷、拓本、土木、车器、画像、军器等，美术部分有书画、雕刻、漆塑、织绣、缂丝、编物、文具等，这些展品记录与展示了南通工艺美术的历史和成就。第二件事是 1912 年他创办了南通纺织染传习所，次年定名为南通纺织专门学校。这是中国最早的独立设置的纺织学府。第三件事是 1914 年他创办了以刺绣为主的女红传习所，聘请著名刺绣艺术家沈寿担任所长兼教习，培养了一大批优秀的刺绣艺人，在沈寿病重时，经她口述，张謇将沈寿毕生刺绣经验整理成《雪宦绣谱》，使之作为一部重要的刺绣工艺理论著作流传后世。

　　先贤张謇所做的这一切和其他充满远见的事情，给南通人民留下了一笔笔记入史册的、跨越时空的重要精神财富。我不知道作为一名工匠和南通人的金祥所做的一系列事情是否受到张謇精神的启迪与影响，但我熟悉的许多南通人不论在什么领域都是十分优秀的，王金祥就是当代木工匠师中的佼佼者。他 16 岁拜师学艺，从事木工技艺至今已 40 多年。我与金祥认识时，他创办的南通通作家具博物馆开馆不久。一位工匠，经营着一个有一定规模的红木家具工厂，还创办了一家家具博物馆，我感到了他的不一般。

十几年前，我也曾多次到南通走访过多家传统家具工坊与古代家具的收藏者和经营者。南通古代家具市场规模宏大，成百上千件古代家具堆积在废弃的厂房里，但是这些家具陈列室都不具备博物馆的功能。现代博物馆在社会发展变革中具有巨大的引领作用。一位外国博物馆学者曾说过："任何一个国家、城市或是省份的文明程度都在其公共博物馆的特点及其维护的投入程度中得到了体现。"南通通作家具博物馆里展出的床榻类、桌几类、椅凳类、橱柜类等家具与清早期的柞榛木方桌、金丝楠木翘头案等件件具有典型意义。

正如一位博物馆专家所言，博物馆的价值不在于拥有什么，而在于做了什么。金祥不仅重视博物馆藏品的质量，并且以自己多年的经验积累与刻苦钻研，对通作家具进行了精准的测绘，对其历史沿革、材质种类、榫卯结构与工具制作进行了深入的探讨与研究。独特的南通文化孕育了具有深厚文化内涵的通作家具，形成了其独特的地域风格和优良的工艺传统，体现了勤劳善良的南通工匠的聪明才智，展现了他们的生活理想与精神追求。

随着中国非物质文化遗产保护工作的广泛开展和学术探讨的不断深入，围绕保护与促进世界文化多样性这一重要命题，人们开始对有关问题进行深入思考。金祥以其科学的工作态度，对文化遗产保护与文化资源开发的本质区别及传统工艺的保护与发展、传承与创新的辩证关系进行了一定程度的梳理。我们当前的研究对传统工艺的思想及其负载的历史文化信息认识得还不是很透彻。非物质文化遗产作为民族文化发展的基础，作为活水源头，作为学习与创作的源泉，需要慎重对待。

有感于此，我不禁想到古人的几句话：首先是"道进乎技"与"技进乎道"。"道进乎技"源于《庄子·养生主》中的《庖丁解牛》。文中讲到，庖丁在为魏国国君宰牛时发出的声音竟符合音律。庖丁对国君解释道："臣之所好者，道也，进乎技矣。""进"是"超过、超越"的意思。这句话的意思："臣所追求的是事物的规律，这已超过了技术。""技进乎道"源于清魏源《默觚》中的"技可进乎道，艺可通乎神"。技是指技巧、技艺、技法；道是指规律、境界。这句话的意思是技术（达到一定程度后）再进一步便可进入"道"的境界。其次是"格物致知"。"格物致知"源于《礼记·大学》中的"致知在格物"。这句话的意思是探究事物原理，从而从中获得知识。《荀子·儒效》云："不闻不若闻之，闻之不若见之，见之不若知之，知之不若行之。学至于行之而止矣。行之，明也；明之为圣人。"这段话的意思："不听不如听到，听到不如看到，看到不如知道，知道了不如亲自实践。做到知行合一便达到了极致。通过实践，就能明白事理；明白事理，就能成为圣人。"荀子还认为圣人与普通人一样，只有经过后天的努力，才能够成就自己，劝导人们以正确的目的、态度和方法去学习。

金祥的《大器"婉"成——一张通作柞榛方桌的解析》已经出版，现在《一席绮梦——一张通作楠木挑檐架子床的解读》即将付梓，后续选题也正在撰写之中。锲而不舍，金石可镂。金祥所做的探索工作具有开拓意义。他以自己的亲力亲为深入发掘了中国传统家具的人文内涵，让我们深深地感受到他令人叹为观止的匠心独运与对深厚文化的活态传承。

是为序。

中国艺术研究院研究员
孙建君

前　言

在中国人的眼里，床是一个庇护所般的存在，因为它能够带给人们踏实感和安全感，从而让人在恬静舒适的环境里畅游梦境。

历经几千年的发展，从无足的席到高足的榻，从简单的造型与制作到追求舒适、美观和华丽，床的演变史反映了中国千年文化的流传。

在原始社会，人们的生活十分简陋，睡觉只是铺垫树叶、枝条或兽皮，直到掌握了编织技术后，才开始使用席子。席子出现以后，床也随之出现。出土的甲骨文中已经有了"床"的象形文字，这说明床的雏形的产生应该不会晚于商代。不过，最早的床的实物是在信阳长台关一座大型楚墓中发现的，上面刻绘着精致的花纹，周围设有木质的围栏。

事实上，在床出现很长一段时间以后，它还是兼做其他用具的，因为那时人们写字、读书、饮食往往都是在床上放置案几进行的。例如，东晋杰出画家顾恺之的《女史箴图》中出现的床，虽然在形制、高度上和今天的已经差不多，但从该图描绘的场景看，它仍未成为睡卧的专用家具。

床由一种多功能的家具逐渐演变成专供睡卧的用品是在唐代以后，因为这一时期出现了可垂足而坐的椅凳及与之配套的案桌。人们的许多活动便逐步转移到案头上，而不再在床上进行了。

人的一生有许多时候都是与床相伴的，因此，自古以来，床就十分受重视。

纵观前人的遗存，古代的床倾注了匠人们巨大的心血。那繁复的雕花，那精致的绘画，无不蕴含着人们对于吉祥如意、健康长寿、多子多福、学优则仕的美好愿景。翻飞的蟠龙、瑰丽的祥凤、俏皮的松鼠、多子的葡萄等，即使耗费百工千工、花费无数资财，床的主人也一定要让它成为一件精雕细刻、悉心琢磨的艺术精品——这些吉祥的图案和符号不仅装点了床、装点了梦，也让中国的床文化变得厚重而耐人寻味。

中国古代的床按照造型来区分，大抵有四种，即榻、罗汉床、架子床和拔步床。其中，前两种除用作睡卧外，还兼有坐以待客、坐而论道的功能。本书所展示的是一张清中期南通本地木匠制作的金丝楠木挑檐架子床，其选材的精良、造型的优美和做工的考究，无不显示出古人高超的审美情趣。

架子床的起源很早，但是，其最终的结构样式是随着经济社会的发展到明代才固定下来的。作为古代工匠智慧的结晶，架子床被认为是"最科学的床"。之所以称它是"最科学的床"，是因为：

首先，架子床的造型源于古典建筑，其有顶有柱、三面设围的结构形成了一个封闭的私密空间。同时，周围护栏的设计又能让人即使睡到床边也不会有跌落的危险，从而为睡眠者划分出一片静谧而安全感十足的领域。

其次，架子床的结构特点使它可以悬挂帐幔。试想一下：在那些漫长而闷热的夏夜，架子床四周挂上纱帐，既能防止蚊虫叮咬，又能让凉风自由流通；在寒冷的冬季，将纱帐换成棉帐，可起到防寒保暖的功效。这样的转换无疑能够让人一年四季都有安稳的睡眠。

再次，由于采用了中式榫卯结构，架子床的每一个部件都可以拆卸，组装起来也不麻烦。更为重要的是，作为构造中的"关节"，各种设计精密、运用合理的榫卯使得架子床严丝合缝、坚固牢实，也为它赢得了"万年牢"的称号——这是这张架子床历经数百年还能够保存完好并没有出现松动的主要原因。

尤为难得的是，这张楠木架子床在装饰手法上，虽然采用了浮雕、透雕、圆雕等多种形式，但是，其呈现出的整体风格依然是朴素、雅致的。它仅在局部点缀以梅花、牡丹、荷花和菊花等图案——在中国传统语境中，这些花卉大多被赋予了高洁、清白、坚强、谦虚等意味，因此，它展示了主人内敛的志趣。与此同时，由于架子床的使用者多为家族中的晚辈，此类纹饰无疑又是长辈对晚辈将来为人处世和人生志向的希冀，体现了长辈对晚辈的一片苦心。

穿越时光的隧道，当我们面对这张流传数百年的架子床的时候，我们仿佛面对的是一本线装书。这本书里有着一段一段的故事、一片一片的风景，以及湮灭在历史尘埃里的神秘画卷。因此，对这张架子床的观照，就是对古人典雅气质和有趣灵魂的观照，更是对创造这一传世珍品的古代工匠精神的观照。

所幸的是，今天，王金祥先生以这本《一席绮梦——一张通作楠木挑檐架子床的解读》为我们完成了这一解析。

1979 年，王金祥先生跟随舅舅学做木工，由于天资聪颖、勤奋好学，他很快成为一名在四乡八里都有些名声的好木匠。然而，对于有着更高追求的他来说，做一个"好木匠"绝不是终极目标。

2009 年，王金祥先生自筹资金创办南通通作家具博物馆，该馆被南通市人民政府命名为"通作家具制作技艺"传承基地。与此同时，他还组建了通作家具研究院。2017 年，经中国民间文艺家协会批准，该研究院升格为中国通作家具研究中心。

几年来，秉承传承优秀传统文化的宗旨，以通作家具的核心价值、文化特色、文化品位、工艺特点等为题，王金祥先生多次组织专家进行研讨，对通作家具的设计特点、文化意义及审美价值进行深入挖掘和认真梳理。

前些年，王金祥先生从民间收购了一张他认为"精美绝伦，巧夺天工"的八仙桌。经过细心拆解后，他萌生了一个愿望，要像放射科医生用 X 光透视一样，把这件极具南通地方特色的传统家具的结构做一个详细的解析。于是，《大器"婉"成——一张通作柞榛方桌的解析》一书应运而生。这本书的出版填补了我国传统家具研究领域的一项空白。

难能可贵的是，时隔短短一年，王金祥先生对更为经典的中国传统家具——架子床的解析的著作又将付梓。由于架子床的结构远比方桌复杂，因此，这部书的工作量是前书的数倍，王金祥先生付出的心血可想而知。

在这部书中，王金祥先生从结构、线条、造型、纹饰等诸多方面入手，对这张架子床进行了"解剖麻雀"式的研究、考量与分析。这部书通过拆解、丈量、测绘、点评等手法，图文并茂地展示了一件古典家具的方方面面，集知识性、观赏性与可读性于一体。它直接拉近了现代人与传统工艺的距离，从而使传统与现代、过去与当下、前辈与后辈之间穿越时空的对话和交流成为可能。

我国著名文化遗产研究专家、南京大学历史学系教授徐艺乙认为，对传统的经典器具进行精确的测绘和分析是向传统学习的重要方式之一，这对于后来者研习传统和继承传统具有十分重要的意义。由此，我们可以说，《一席绮梦——一张通作楠木挑檐架子床的解读》一书的出版，是王金祥先生为振兴中国传统工艺做出的又一重要贡献。

资深媒体人

赵　彤

目录

挑檐架子床图释   1

 第一章 榫卯结构

插榫   8

大进小出榫   14

扒底销子榫   32

半榫   34

贯榫   56

燕尾榫   70

活榫   73

走马销榫   84

槽榫   100

十字榫   113

嫁接榫   118

圆棒榫   120

鱼尾扣榫   121

满口吞夹子榫   123

第二章 造型艺术

腿足　　　　　　　　130

床帮与中横档　　　　136

牙条　　　　　　　　139

床楞　　　　　　　　140

下拉档　　　　　　　142

扒底销子　　　　　　144

下侧箍山　　　　　　145

围栏　　　　　　　　150

云纹框　　　　　　　165

床柱与柱础　　　　　180

角牙　　　　　　　　186

前箍山　　　　　　　187

后箍山　　　　　　　195

侧箍山　　　　　　　200

挑檐　　　　　　　　205

床顶板　　　　　　　216

第三章 线条美学

洼线　　　　　　　　224

文武线　　　　　　　226

方直线　　　　　　　228

指甲圆线　　　　　　233

金鱼背线　　　　　　238

委角线　　　　　　　240

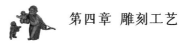

第四章 雕刻工艺

线雕　　　　　　　246

浅浮雕　　　　　　248

高浮雕　　　　　　252

通雕　　　　　　　254

镂雕　　　　　　　264

通作楠木挑檐架子床配件数量表　　　272

通作楠木挑檐架子床榫卯一览表　　　276

后记　　　　　　　281

挑檐架子床图释

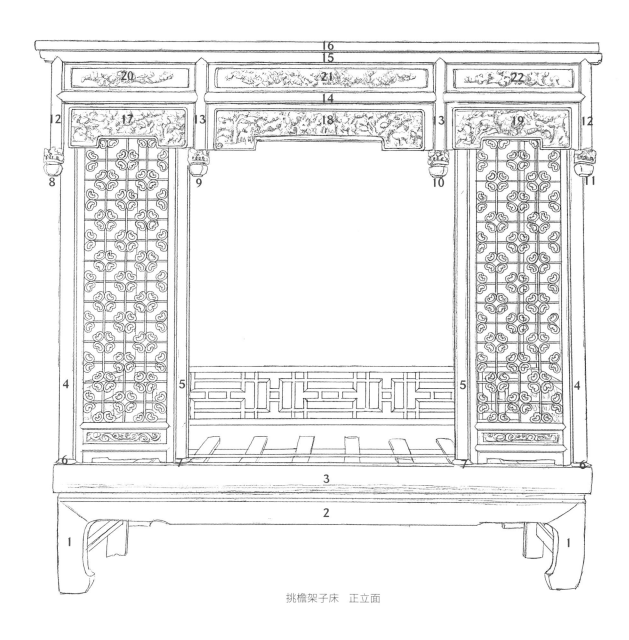

挑檐架子床　正立面

1	前腿足	7	门柱柱础	13	挑檐中竖档	19	和合二仙花板
2	牙条	8	梅花花篮形挂锤	14	挑檐中横档	20	莲花纹花板
3	前床帮	9	牡丹花篮形挂锤	15	挑檐上横档	21	牡丹纹花板
4	前角柱	10	荷花花篮形挂锤	16	床顶板外框横档	22	玉兰花纹花板
5	门柱	11	菊花花篮形挂锤	17	麒麟送子花板		
6	前角柱柱础	12	挑檐外框竖档	18	郭子仪拜寿花板		

挑檐架子床图释

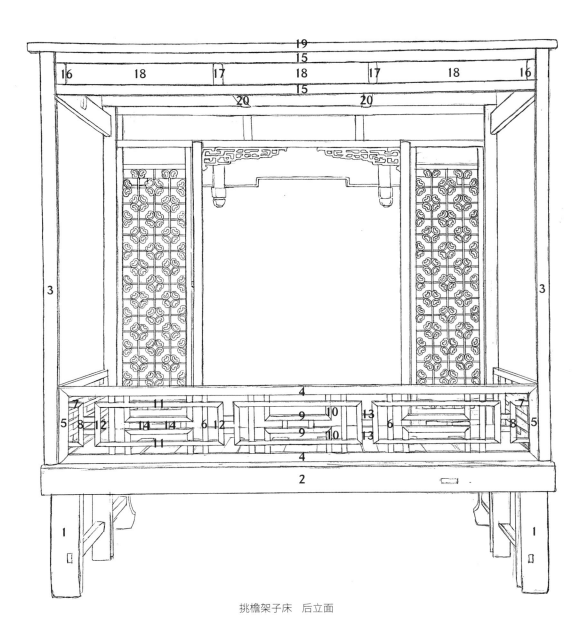

挑檐架子床　后立面

1 后腿足	6 后围栏中竖档	11 贵方横档	16 后箍山外框竖档
2 后床帮	7 竖半贵方横档	12 贵方竖档	17 后箍山中竖档
3 后角柱	8 竖半贵方竖档	13 小横档	18 后箍山面心板
4 后围栏外框横档	9 横半贵方横档	14 小竖档	19 床顶板外框横档
5 后围栏外框竖档	10 横半贵方竖档	15 后箍山外框横档	20 床顶板中竖档

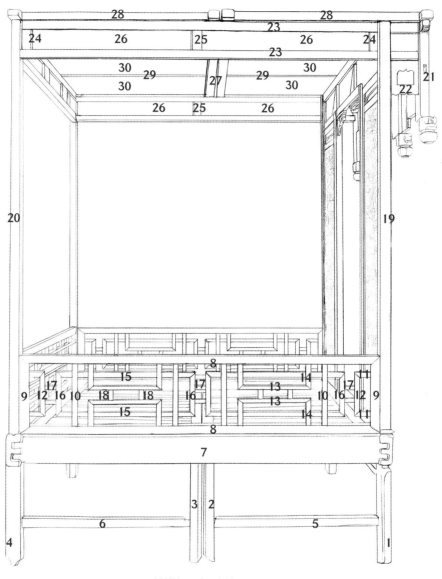

挑檐架子床　侧立面

1	左前腿足	9	侧围栏外框竖档	17	小横档	25	侧箍山中竖档
2	左前中腿足	10	侧围栏中竖档	18	小竖档	26	侧箍山面心板
3	左后中腿足	11	竖半贵方横档	19	左前角柱	27	床顶板外框横档
4	左后腿足	12	竖半贵方竖档	20	左后角柱	28	床顶板外框竖档
5	侧前下拉档	13	横半贵方横档	21	挑檐外框竖档	29	床顶板中竖档
6	侧后下拉档	14	横半贵方竖档	22	挑檐夹档板	30	床顶面心板
7	下侧箍山	15	贵方横档	23	侧箍山外框横档		
8	侧围栏外框横档	16	贵方竖档	24	侧箍山外框竖档		

挑
檐
架
子
床
图
释

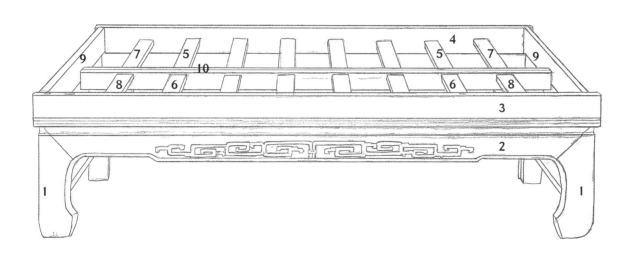

床 正立面

1	前腿足	6	前床楞（前半榫，后出榫）
2	牙条	7	后床楞（前后半榫）
3	前床帮	8	前床楞（前后半榫）
4	后床帮	9	下侧箍山
5	后床楞（前后出榫）	10	中横档

架子床　正立面

1	云纹框外框竖档	8	云纹框鱼门洞花板	15	角牙
2	云纹框下横档	9	四簇云纹雕刻件	16	前箍山外框横档
3	云纹框中横档	10	二簇云纹雕刻件	17	前箍山外框竖档
4	云纹框牙条	11	十字榫横档	18	前箍山中竖档
5	如意缠枝莲纹花板	12	十字榫竖档	19	菊花纹花板
6	云纹框上横档	13	小子儿横档	20	石榴纹花板
7	云纹框上冒档	14	小子儿竖档	21	牡丹纹花板

第一章

榫卯结构

插榫

从上向下或从下向上插入卯孔，或者直接插入卯孔的榫为插榫。

插榫特写

正立面

牙条和前左右腿足榫卯结构

正立面

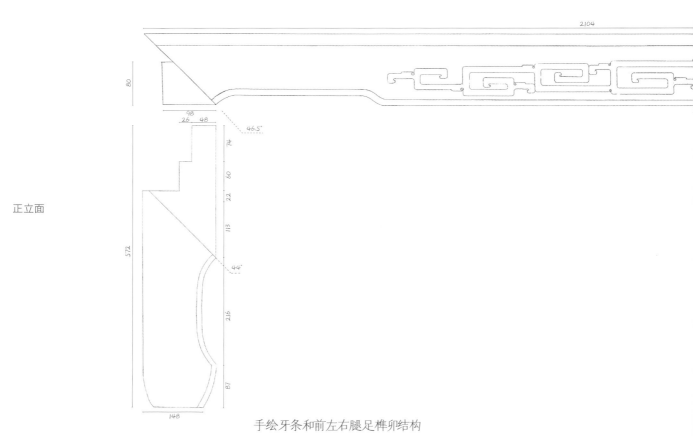

手绘牙条和前左右腿足榫卯结构

左右腿足胚料初成后，划线[1] 时应对称摆放[2]。先划两端齐头线，再划床帮宽度线，然后划牙板宽度线、沿牙板根子线[3]、正面45°割角。沿腿足正面15 mm 为卯孔里边线。同样，划牙条时先划出总长度线，再在两端划出前腿足宽度线、45°割角。榫里边线长 15 mm，反面采用 90°平肩。牙条棉线[4] 宽 7 mm，插榫厚度为 8 mm，平肩宽 15 mm。

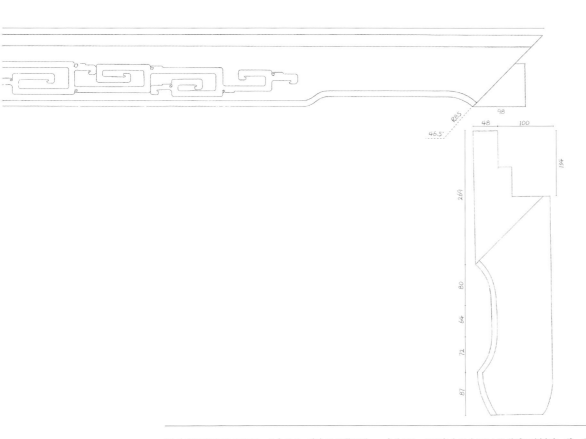

[1] 南通匠师俗语（下同），用角尺（一种木工必需工具，一角为90°，另两角分别为45°）沿基准面划出角、榫、卯、肩的位置，叫划线。
[2] 指大面对大面，小面对小面，并按木材的纹理生长方向，根朝下，头朝上，用记号注明。
[3] 即牙条下部线。在榫的前部划榫端头线，在榫的后部划榫根子线，同样，在卯的前部划卯端头线，在卯的后部划卯根子线，划的线统称为根子线。
[4] 指沿基准面（大面）划出榫线、卯线，第一根为棉线。

反立面

牙条和前左右腿足榫卯结构

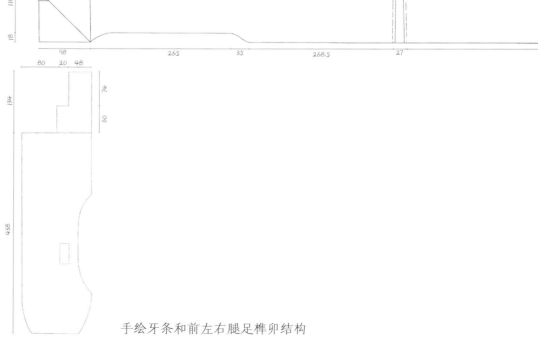

反立面

手绘牙条和前左右腿足榫卯结构

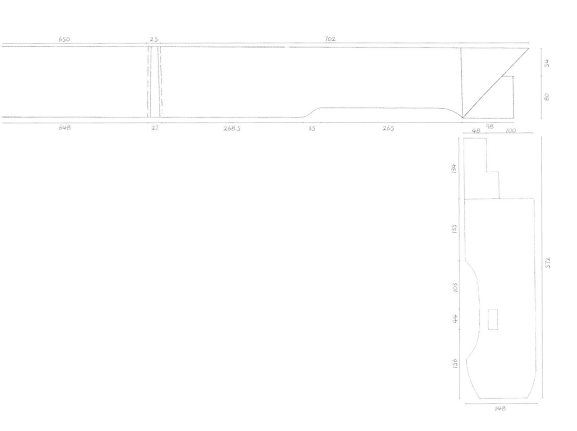

下侧面

侧立面

牙条和前左右腿足榫卯结构

下侧面

侧立面

手绘牙条和前左右腿足榫卯结构

插榫（牙条和前左右腿足榫卯结构）

　　连接牙条和前左右腿足的榫为插榫。采用正立面 45°割角、反面 90°直平肩工艺。

　　半榫四个面在卯孔中或大或小都有摩擦力，组装或拆卸时都能感觉到。而插榫不同于半榫，它三面有摩擦力（卯孔纵向面，也就是卯口没有关头）。因为榫卯的受力面纵向大于横向，所以榫头纵向的摩擦力往往要大于横向的摩擦力，特别是在硬木家具中。在榫卯结构中，合适的榫头厚度尤为重要。榫厚度大于卯孔宽度 5 丝（1 丝 = 0.01 mm）以上，卯孔就会裂开，榫卯结构质量也将大受影响。此时，严格来讲，卯孔须换料重新加工。气干密度大于 0.85 g/cm³，榫头厚度小于卯孔宽度 2 丝至 3 丝，而榫头宽度大于卯孔长度 5 丝至 10 丝，这样的榫卯结构才符合结构力学原理。牙条和前左右腿足组合，既能连接两腿，又能起装饰作用。

702

151898

134

33 22

80

103

44

156

87

35 15

大进小出榫

大进小出榫如同半榫和出榫组成的榫，因为进榫大、出榫小，故名。

下侧面

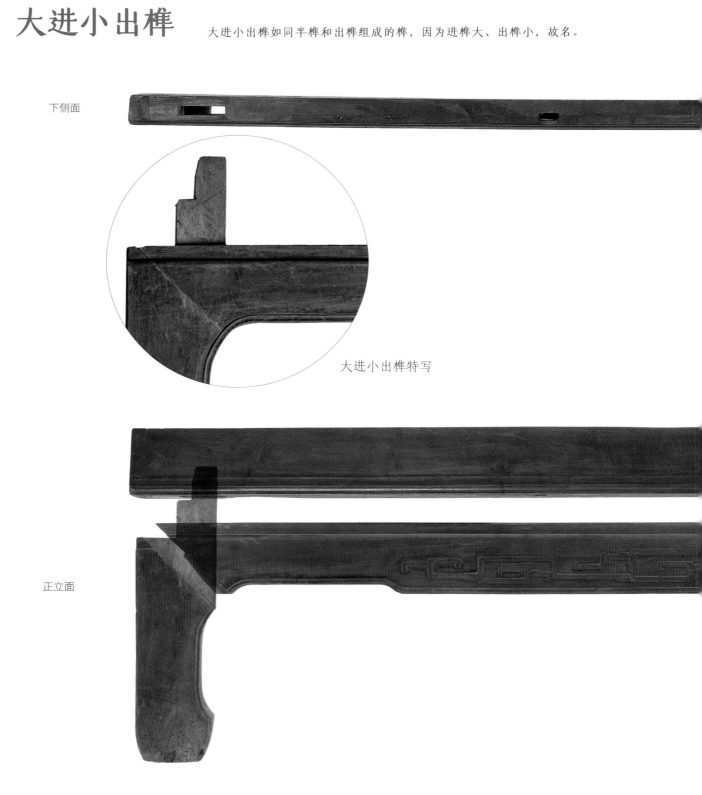

大进小出榫特写

正立面

牙条、前左右腿足和床帮榫卯结构

左右腿足为内翻马蹄造型，牙条为桥梁档造型，拐儿纹为阴雕阳刻，床帮饰以文武线。

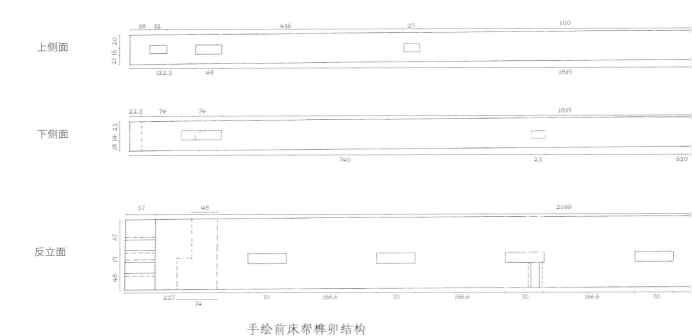

手绘前床帮榫卯结构

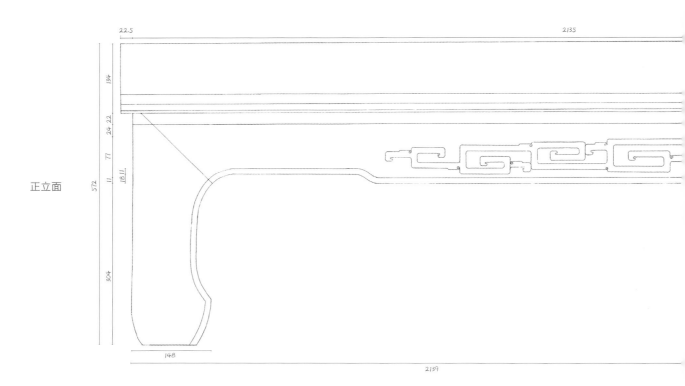

手绘牙条、前左右腿足和床帮组装件

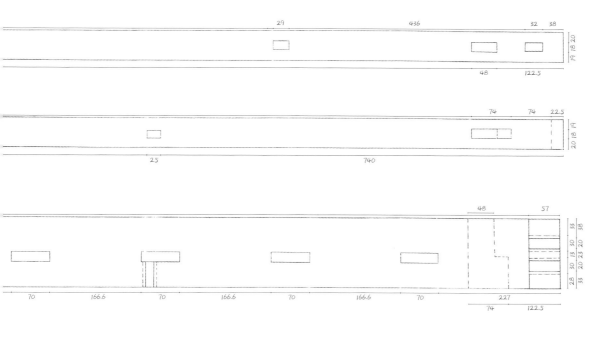

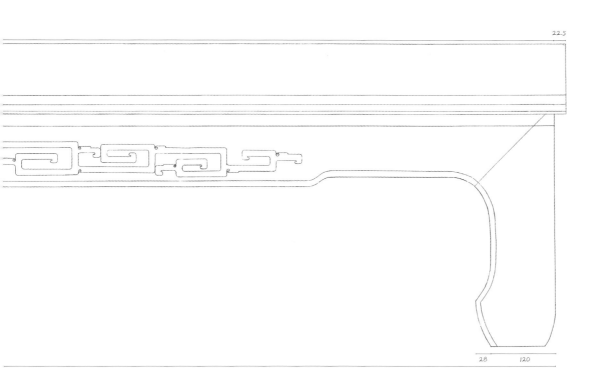

下侧面

反立面

前床帮榫卯结构

反立面

牙条和前左右腿足榫卯结构

上侧面

下侧面

反立面

反立面

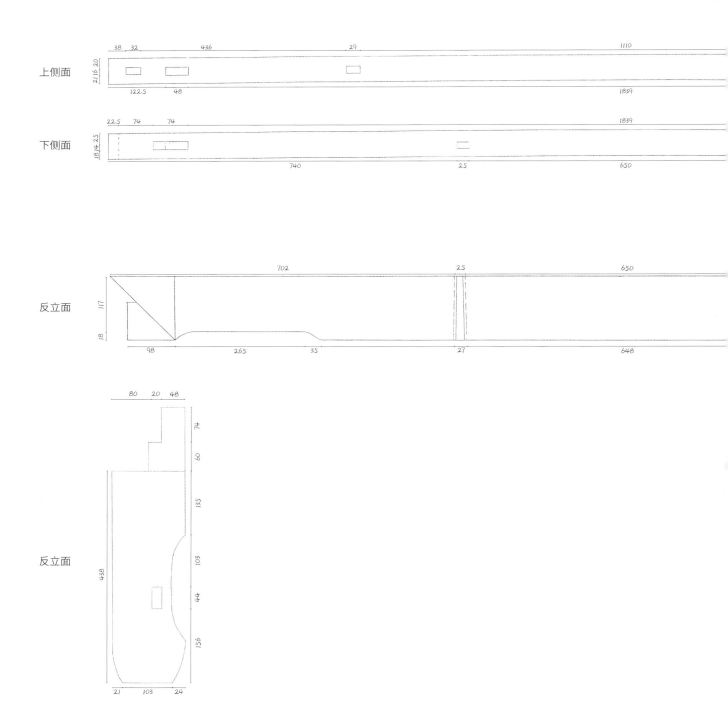

手绘牙条、前左右腿足和床帮榫卯结构

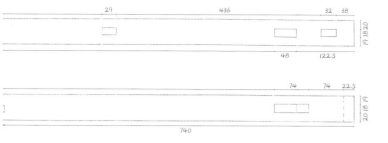

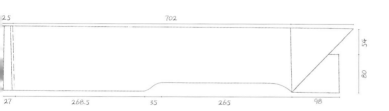

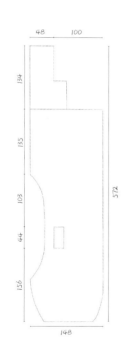

大进小出榫 ①（牙条、前左右腿足和床帮榫卯结构）

大进小出榫在家具结构中应用得比较普遍。榫卯工艺是否精确，主要看木匠的技术水平。出榫工艺的一般做法是，双面采用90°平肩，中间为出榫。如是半出榫，那么侧面同样采用90°平肩工艺。此工艺轻快又省事。制作榫卯时，木匠要从力学角度来计算尺寸，从保持榫卯结构强度的角度来确定出榫大小。全卯孔出榫对工件的创伤大，会影响家具的使用寿命。大进小出榫对工件的创伤相对要小些。

左右腿足和牙条通过插榫连接后，再通过腿上端的大进小出榫与床帮接合，而木楔把左右腿足出榫和床帮牢牢地固定在一起。在这些组合件中，牙条只起连接和装饰作用，而主要受力部件为床帮和左右腿足。

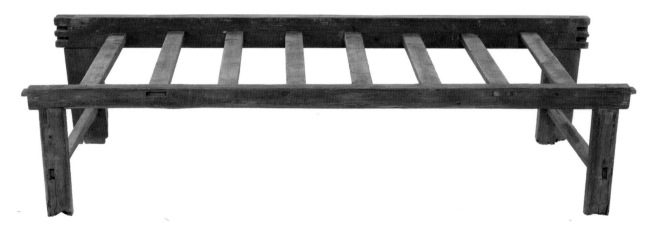

组合后床立面造型

组合前床立面造型

一席绮梦 —— 一张通作楠木挑檐架子床的解读
YIXI QIMENG YIZHANG TONGZUO NANMU TIAOYAN JIAZICHUANG DE JIEDU

组合床也有档次高低之分。讲究的床下面用垫板。一般垫板有三块，后两块安置床身，床前的一块则为踏脚板，上面可放马桶、衣柜等。垫板能保护床腿足，延长床的使用寿命。尤其在南方，由于空气湿度大，地面潮湿，过去人们家中又多为泥地或砖地，床腿足直接接触地面容易受潮腐烂，垫板则解决了这一难题。

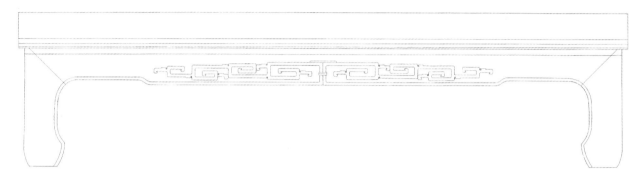

正立面

手绘牙条、前左右腿足和床帮组装件

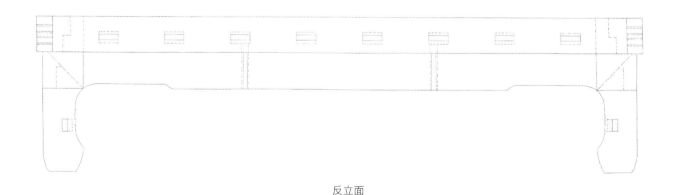

反立面

手绘牙条、前左右腿足和床帮榫卯组装示意图

中左右腿足和中横档榫卯结构

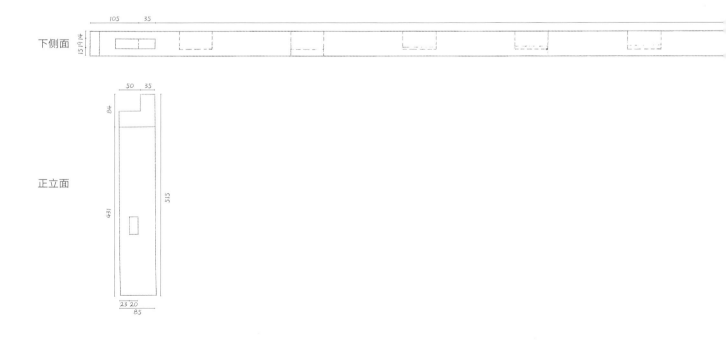

手绘中左右腿足和中横档榫卯结构

大进小出榫 ②（中左右腿足和中横档榫卯结构）

　　木匠为了优化用材，要考虑相同部件在不同位置的用材大小。组合床的中横档和中腿足明显小于前后床帮和前后腿足。在优化用材的同时，木匠要把榫卯做到极致。前后腿足料大，横向一半做榫，一半做肩，而做榫的那一半，再分成一半做半榫、一半做出榫。为了增强稳定性，中腿足 2/3 为大进榫，1/3 为小出榫。其原理是中横档受力面小，而强度增大，中横档的创伤面减小，符合力学结构，出榫小也使工件更加美观。

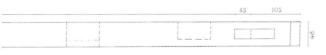

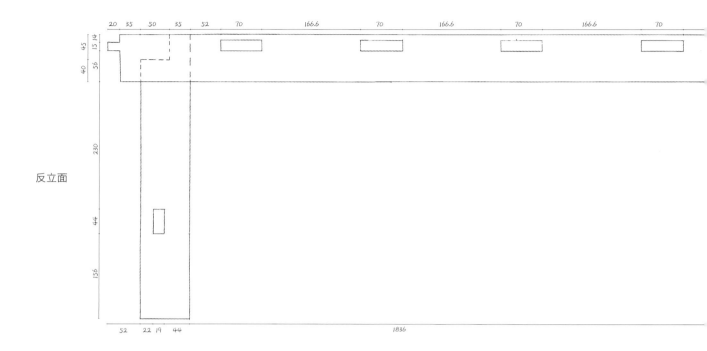

手绘中左右腿足和中横档榫卯组装示意图

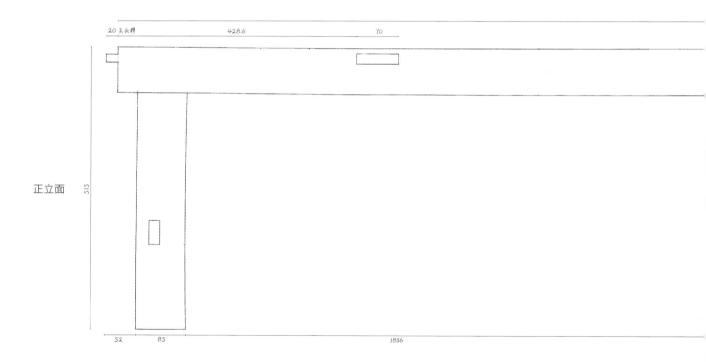

手绘中左右腿足和中横档组装件

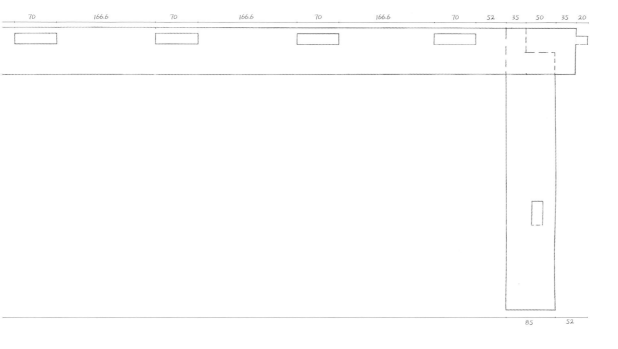

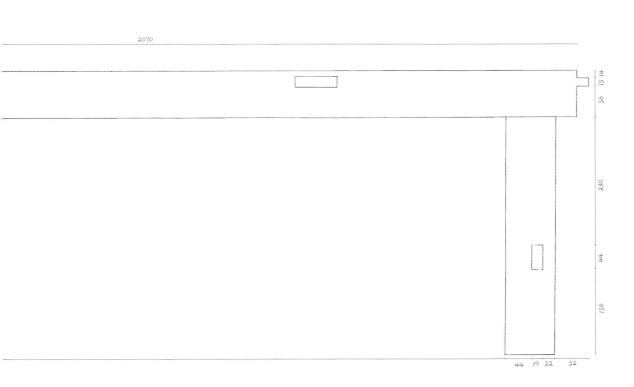

大进小出榫 ③（挑檐中横档和外框竖档榫卯结构）

这是较常见的榫种，其结构是一半为出榫，一半为半榫，主要保证外框竖档受力面创伤小，从而保证走马销挑檐榫卯结构强度。因为前挑檐受力在挑檐两边外框竖档上，其大榫相应地比较短。其实大进小出榫的大榫头长或短没有多大区别。大榫进卯后不会拐肩，起到了对横档支撑的作用。其结构力在小的出榫上。榫卯不讲究多大多小，关键是科学做榫。考虑节点的受力面及榫卯摩擦力，才能把榫卯节点控制得更好。

挑檐中横档和外框竖档榫卯结构

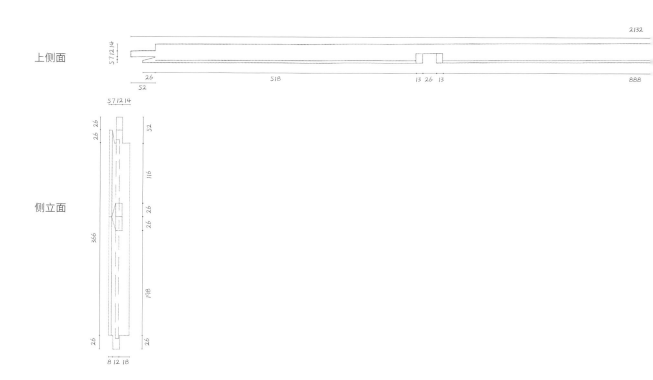

手绘挑檐中横档和外框竖档榫卯结构

13　26　13　　　　　　　　　　　518　　　　　　　　26

52

38

38

26 26　52

116

366　52

198

26　26

20 6 12

大进小出榫 ④（挑檐外框竖档和上横档榫卯结构）

正立面

挑檐外框竖档和上横档组装件

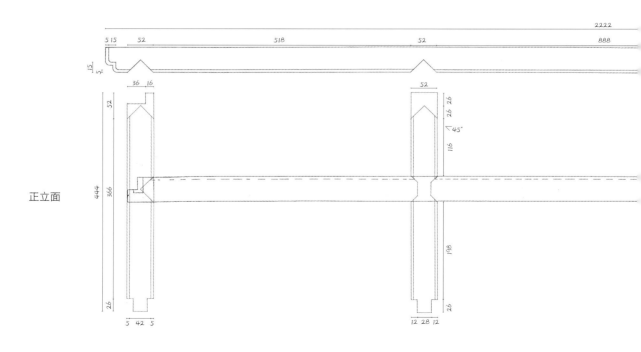

正立面

手绘挑檐外框竖档和上横档榫卯结构

按一般工艺，上横档两端有关头，外框竖档出榫向上。此处出榫因超出人的可视范围，所以是看不见的。外框竖档和中横档一样采用大进小出榫。设计时考虑到前挑檐完全靠外框竖档和侧箍山挑檐的走马销榫的挑力来平衡，大榫为 36 mm，小榫只

有 16 mm。挑檐走马销榫的中心位置在竖档中心点，故木匠在计算出榫大小时把小榫做成 16 mm，从而避开了走马销卯口的中心点。由此可以看出，大进小出榫的出榫大小是从力学方面来计算的，选用大进小出榫是有科学依据的。

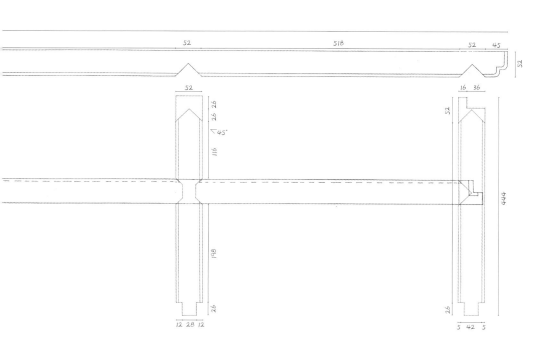

扒底销子榫

这是一种由插销和卯槽、销子孔相结合，连接两个或两个以上部件，以达到加强部件结构的榫。南通工匠称之为扒底销子，又称扒底销子榫。

牙条和前床帮榫卯结构

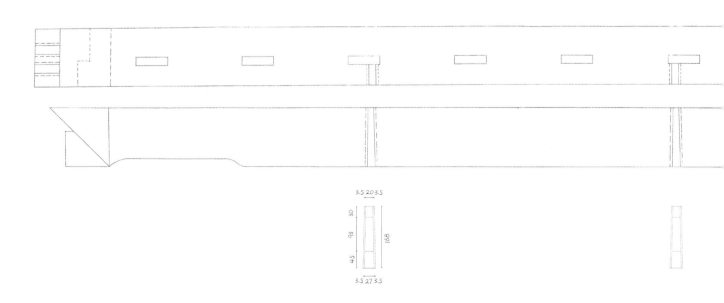

手绘牙条和前床帮榫卯结构

扒底销子榫（牙条和前床帮榫卯结构）

扒底销子用于部件反面。扒底销子通过燕尾状的卯槽，插入另一部件的销子孔（因反面不平，销子榫有时也被做成阶梯状），以强化结构。

扒底销子上小下大，剖面呈梯形，其榫呈30°左右。牙条反立面左边和右边三分之一处，分别开一条上窄下宽并与扒底销子同等大小的燕尾槽。两个扒底销子分别由下向上插入牙条卯槽，并插进床帮的卯孔，使二者紧密接合。牙条通过扒底销子被牢牢固定在床帮上而不会前后摆动。原先牙条两端和腿足之间采用插榫结构连接，使用时牙条中间会前后摆动。多了一种工艺，结构就牢固了许多，牙条也稳固下来，不易摆动了。

扒底销子在明清家具中运用得较多，一般用于牙条和床帮的接合，牙条、子线和桌面的组合，或者牙条和桌面的连接等，是榫卯结构中比较讲究的榫种之一。

下侧面

反立面

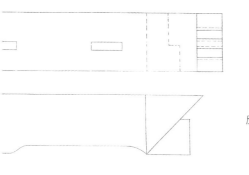

反立面

扒底销子榫特写

半榫

榫头不出卯孔的榫为半榫，又称暗榫、闷榫。

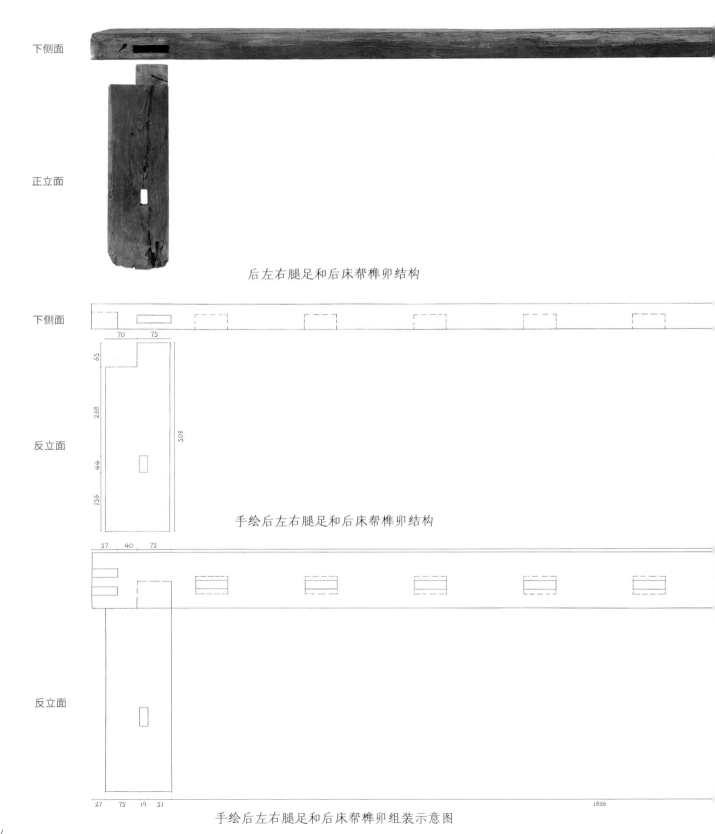

下侧面

正立面

后左右腿足和后床帮榫卯结构

下侧面

反立面

手绘后左右腿足和后床帮榫卯结构

反立面

手绘后左右腿足和后床帮榫卯组装示意图

半榫 ① （后左右腿足和后床
帮榫卯结构）

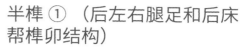

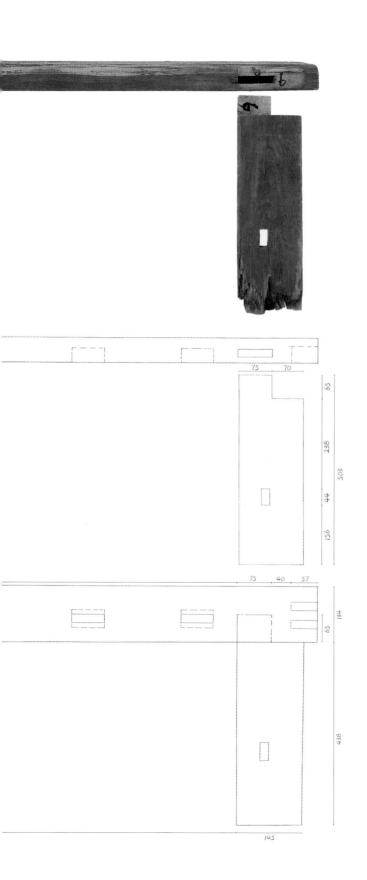

半榫 ② （床楞和床帮、中横档榫卯结构）

木匠在设计前后床帮时，既考虑了材料的精良，又考虑了结构的精妙，从而增强了床体结构强度。床帮的厚度接近 60 mm，而半榫长度都超过了 35 mm。在这张挑檐床的拆解过程中，前床帮比较难以拆解。床楞是用杉木做的，前床帮则是用二皮楠木（一根楠木去掉四周边皮约 50 mm 后所留下的木料。二皮木料是一根原材中强度最好、山水纹理最漂亮的部位）做的，而且，榫的宽度超过卯孔的长度 15 丝左右，榫的厚度小于或等于卯孔宽度。同时杉木的气干密度小于楠木。所以，从材料学上来讲，杉木配二皮楠木，其榫卯结构特别紧实。

床楞和前床帮、中横档榫卯结构

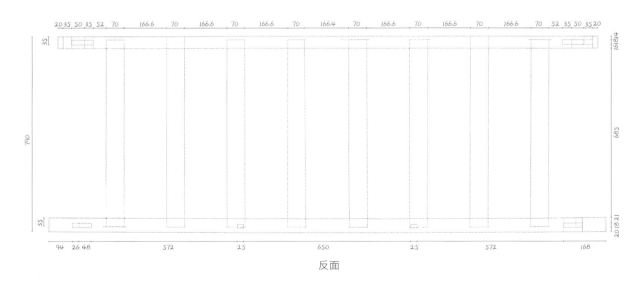

手绘床楞和前床帮、中横档榫卯组装示意图

反面

床楞和前床帮、中横档组装件

床楞和后床帮、中横档通过榫卯接合后，其结构摩擦力及箍力完全靠贯榫的木楔保证。床两头的第二根床楞均采用贯榫。木楔把榫头四个点

固定好后，四个贯榫的摩擦力和木楔的张力使得整个床面不易松动。在此木楔起到了加固和平衡一个面的作用。

正面

床楞和前床帮、中横档组装件

前床帮、中横档和八支床楞组装。床两头第二根床楞与中横档以贯榫连接，榫头则以木楔固定。由于木匠考虑到前床帮立面的美观，第二根床楞与前床帮连接结构改用半榫工艺。为了固定住前床帮来保证一个面的结构强度，木匠在榫的端头正中间的位置开了个小口子，用小硬木楔（长 26 mm，宽 17 mm，小头厚 2 mm，大头厚

10 mm）的小头竖着插入榫端头小口，然后将榫头对准相应的卯口，在床楞的另一头加力。木楔碰到卯孔壁，因力的作用而插入榫头，使半榫也具有了贯榫榫头的横向力。此床楞一次组装成功（不好试组装，否则不起作用）。床帮卯孔如果设计成燕尾状（卯孔外小内大）更好，能加强榫卯强度。拆解时发现，此床就是运用了此工艺。

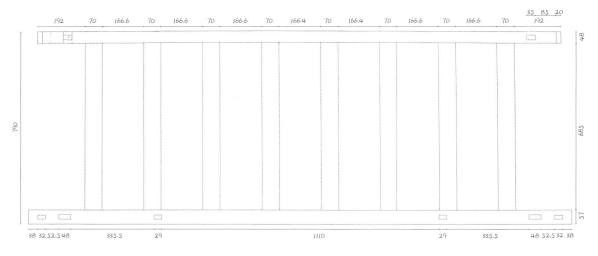

正面

手绘床楞和前床帮、中横档组装件

中横档和下箍山榫卯结构

半榫 ③（云纹框小子儿竖档和中横档榫卯结构）

半榫是此床出现较多，也是比较常见的简单榫种。立面分两个层次。云纹框四周横档、竖档双面交圈，而云纹、十字榫横竖档及小子儿横档、竖档又是一个层面，所以小子儿竖档采用双面90°平肩。正立面略低于横、竖档外框，只能采用平肩工艺。

侧立面

上侧面

小子儿竖档和中横档榫卯结构

正立面

小子儿竖档和中横档榫卯组装件

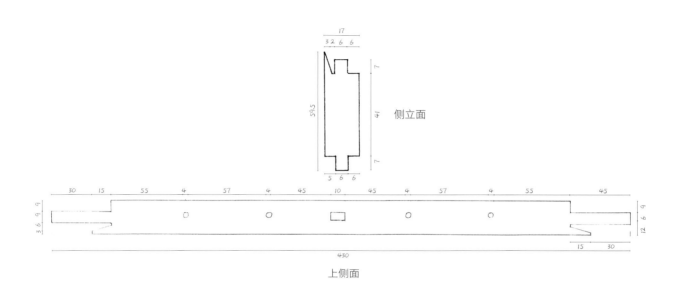

侧立面

上侧面

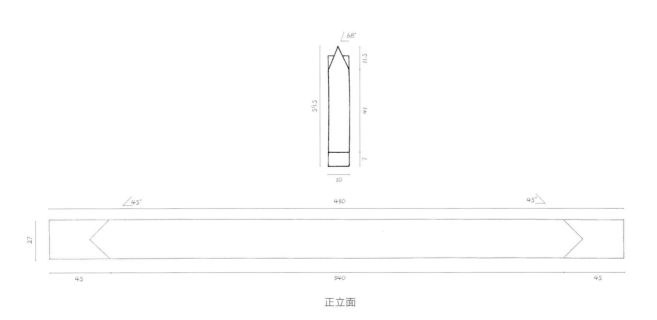

正立面

手绘小子儿竖档和中横档榫卯结构

反立面　　　　　正立面　　　　　侧面

侧面

十字榫竖档、横档和二簇云纹、四簇云纹榫卯结构

半榫 ④（云纹框十字榫竖档和四簇云纹榫卯结构）

这是较为常见的榫种结构。人字肩略长于半榫，用手工工艺做成帮肩，加工难度较大。这种

工艺通常只有手工才可完成，机械很难完成。

正立面

十字榫竖档和四簇云纹榫卯结构

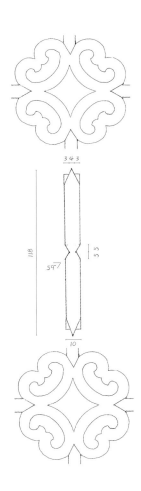

正立面

手绘十字榫竖档和四簇云纹榫卯结构

半榫 ⑤（云纹框十字榫横档和四簇云纹榫卯结构）

该榫卯结构两端头做榫。反面根子线采用90°平肩，正面则采用35°人字肩帮肩工艺。人字肩长 5 mm，半榫长 6 mm，反面平肩长 6 mm。这是一种比较简单的榫卯工艺。

反面

十字榫横档和四簇云纹榫卯结构

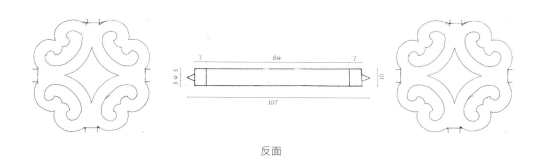

反面

手绘十字榫横档和四簇云纹榫卯结构

半榫 ⑥（围栏小横档和竖档榫卯结构）

侧面

围栏小横档和竖档榫卯结构

　　帮肩工艺在现代家具中已看不见了，在遗存的明清家具中也不多见。此工艺难就难在竖半贵方竖档采用指甲圆线。按传统工艺，正面人字割角、夹子肩后做榫或做卯的工艺费工费时，而竖档卯孔的创伤会影响结构牢度。两端的帮肩工艺要求极高，送帮肩的内圆要和指甲圆相吻合。帮肩有间隙，将严重影响美观和结构牢度。即使借助现代工具也无法解决，只能靠手工锯、凿、刮磨，慢慢修正，达到严丝合缝。沿大面 3 mm 为帮肩，5 mm 为帮肩夹，8 mm 为半榫。8 mm 半榫采用反面 90°平肩工艺，而 3 mm 帮肩工艺只能用传统窄条角锯来完成。

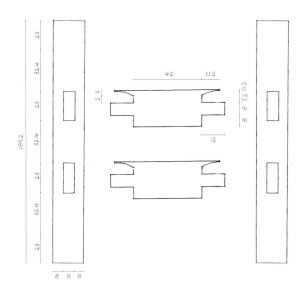

侧面

手绘围栏小横档和竖档榫卯结构

半榫 ⑦ （围栏竖半贵方横档和外框竖档榫卯结构）

　　半榫是常见榫卯工艺，适合在围栏中应用。因为外框横竖档和内贵方横竖档不在同一个平面上，外框横竖档指甲圆线和贵方横竖档指甲圆线不同，故外框横竖档和内贵方横竖档不会出现交圈。外框横竖档和内贵方横竖档的连接只能用平肩半榫来完成。此榫结构比较简单，但榫卯配合要紧密，几何尺寸要精确，才能保证横竖档中的横档水平，竖档垂直于外框。

围栏竖半贵方横档和外框竖档榫卯结构

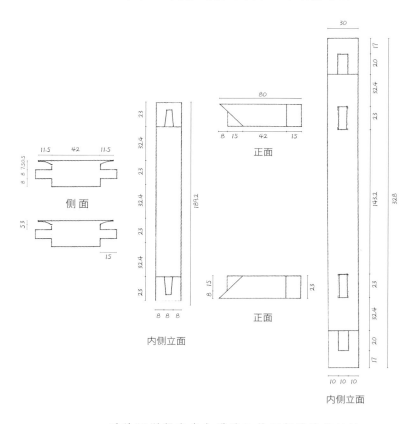

手绘围栏竖半贵方横档和外框竖档榫卯结构

半榫 ⑧ （前箍山外框竖档和上下横档榫卯结构）

前箍山两端走马销榫向里设立竖档，用半榫结构，因为半榫对上下横档作用力小，使走马销的榫卯在组装时不易损坏，从而保证床架的结构强度。正立面采用45°割角后夹肩再做榫，反面采用90°平肩工艺。割角半榫工艺虽然不复杂，但要做好不易。在沿海地区，材料含水率控制在14%以下，才能保证材料不收缩。榫卯在工艺上要紧密配合，才能达到正反面肩子严密无缝。此榫卯工艺和云纹框上横档榫卯工艺的不同之处在于此工艺为半榫。

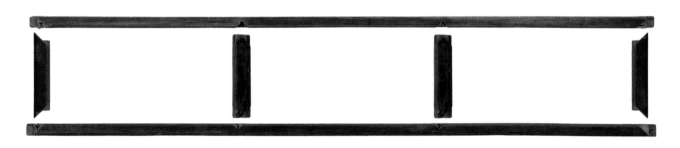

正立面

前箍山外框竖档和上下横档榫卯结构

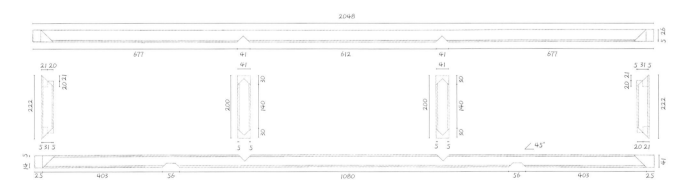

正立面

手绘前箍山外框竖档和上下横档榫卯结构

半榫 ⑨ （前箍山中竖档和上下横档榫卯结构）

反立面

前箍山中竖档、花板和上下横档榫卯结构

反立面

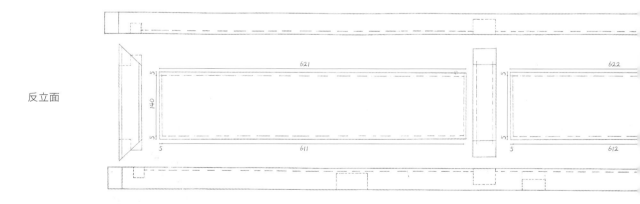

手绘前箍山中竖档、花板和上下横档榫卯结构

这是比较简单的工艺。正面采用人字割角，留夹子肩，反面采用90°平肩工艺。确保几何尺寸准确后一次性组装成功，双面肩子严丝合缝，是最好的工艺。组装时如果双面肩子出现缝隙，竖档就要拆卸并重新组装。若这种情况出现，这个节点质量就要打折扣。因为气干密度大于 0.85 g/cm³ 的半榫讲究宽度大于卯孔长度 5 丝左右，但楠木材料气干密度为 0.62 g/cm³，故榫的宽度应大于卯孔长度 10 丝至 15 丝，一次性组装时，榫卯才不会松动。如榫卯拆卸后再组装，榫被卯孔挤压后榫宽度变小，就很难补救。双面平肩还好，如果是一面 45°割角，一面平肩，其补救就比较困难，唯一的办法是在半榫头纵向中心部分下木楔（比较难做的工艺）。这样在组合时才能保证榫卯的摩擦力不会减小。

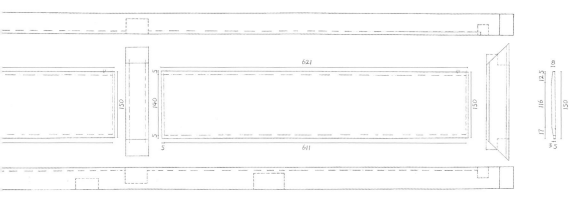

反立面

正立面

前箍山花卉花板和横竖档组装件

反立面

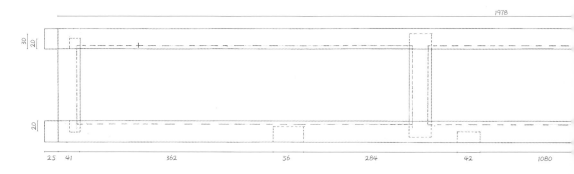

手绘前箍山花卉花板和横竖档榫卯组装示意图

正立面

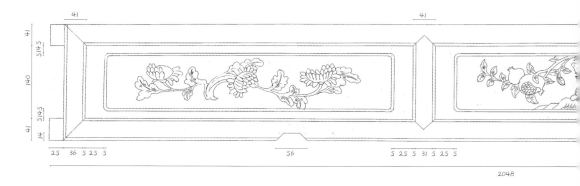

手绘前箍山花卉花板和横竖档组装件

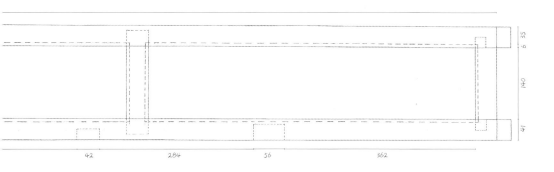

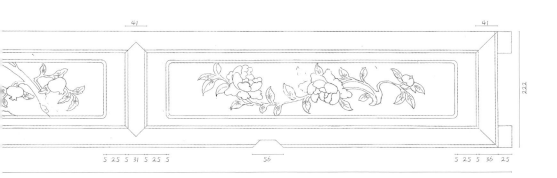

半榫 ⑩ （后箍山竖档和上下横档榫卯结构）

　　木匠在上下横档两端头按设计要求划好线，留 25 mm 做走马销榫，再向里 19 mm 做卯孔连接外框竖档。在距离此卯孔 620 mm 处再做卯孔连接中竖档。边竖档正反面均采用 90°平肩工艺，端头一半做榫，一半采用平肩工艺。中竖档的端头正反面同样采用平肩半榫工艺。只有在含水率适当和榫卯紧密配合时，一次性组装才能保证榫卯结构强度。

正立面

后箍山竖档和上下横档榫卯结构

正立面

手绘后箍山竖档和上下横档榫卯结构

半榫 ⑪ （侧箍山外框竖档和上下横档榫卯结构）

外框竖档是连接上下横档的结构件。侧箍山外框竖档、中竖档和后箍山榫卯结构相同，都是半榫结构（侧箍山、后箍山及顶板的正反面相同）。

正立面

侧箍山外框竖档和上下横档榫卯结构

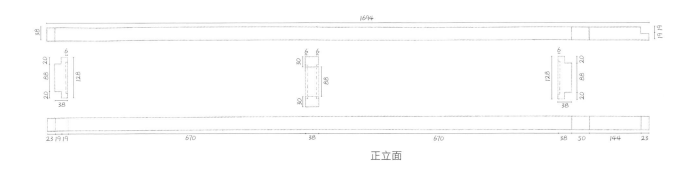

正立面

手绘侧箍山外框竖档和上下横档榫卯结构

半榫 ⑫ （挑檐竖档和挂锤榫卯结构）

　　这是比较简单的榫卯工艺，关键是竖档半榫
几何尺寸要精确，榫和卯配合要控制好。如半榫
尺寸大于卯孔尺寸，那么组装时挂锤会裂开；如
榫卯配合过松，组装后随着时间的流逝，挂锤会
掉下来。所以半榫卯的紧密配合很重要。

挑檐和挂锤

半榫和挂锤特写

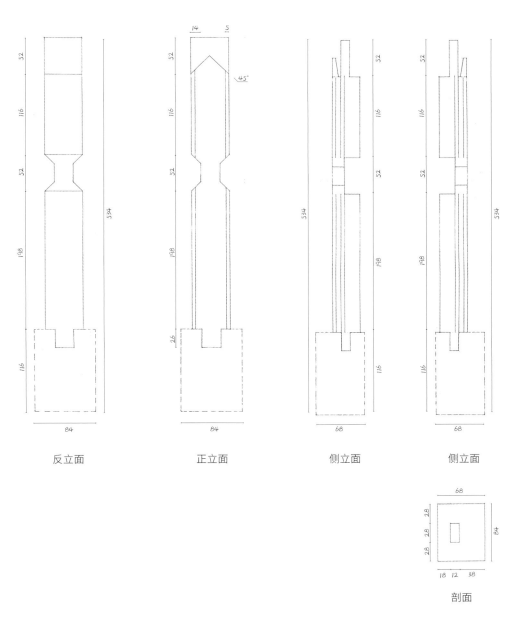

反立面　　　　正立面　　　　侧立面　　　　侧立面

剖面

手绘挑檐竖档和挂锤榫卯组装示意图

贯榫

穿过卯孔的榫为贯榫，又称出头榫、明榫。

贯榫是家具中常见并运用得比较多的榫种。木匠通过部件计算出榫的大小，再划出卯孔位置。硬木榫的宽度（纵向）要大于卯孔的长度 5 丝左右，如用松木则要大 10 丝左右，厚度（横向）要等于卯孔的宽度。组装好榫卯后，最关键的是确定贯榫的木楔位置，因为其可以调整榫卯结构的松紧度。木匠在贯榫的外部 1/5 的位置先凿出一个缺口，再把木楔（木楔要尖而长，约 50 mm）打下去。好的木楔越打越牢。以后木匠若要拆解工件，不把木楔挖出，就无法把两个部件分开。贯榫不上木楔，相当于半榫，只不过是榫加长，摩擦力加大。如用木楔封住榫头，其摩擦力更大。

贯榫 ①（下拉档和后腿足、中腿足榫卯结构）

贯榫在古建筑和传统家具榫卯结构中比较常见。单面肩子榫是入门级的榫卯结构。同样是贯榫，双面肩子榫在力学结构上要优于单面肩子榫，因为双面肩子榫的力是从两个方向来支撑一个面的。单面肩子榫一面是榫，一面是肩，只有一个受力面，如工件受力较大，没有肩子的那一面就会出现拐肩，从而影响部件结构的稳定性。单面肩子贯榫工艺用在前后腿足连接上和双肩工艺没有太大差异，不会出现拐肩，因为它只起到前后拉力的作用。双面肩子贯榫结构优于单面肩子贯榫结构，但在考虑节省人工或单面肩子贯榫只起拉力作用时，木匠可以选择单面肩子贯榫工艺。

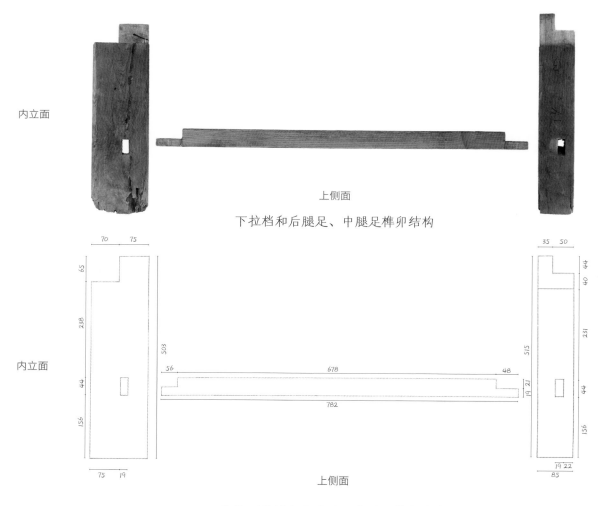

内立面　　　　　　　　上侧面

下拉档和后腿足、中腿足榫卯结构

手绘下拉档和后腿足、中腿足榫卯结构

贯榫 ②（下拉档和前腿足、中腿足榫卯结构）

前腿足和中腿足是通过下拉档以半榫及贯榫榫卯结构连接的部件。一个工件的两端，一头做贯榫，一头做半榫，这在明清家具中比较常见。但在合理的榫卯结构中，下拉档应该用贯榫工艺，并用木楔固定。而半榫榫头没有贯榫的长，摩擦力相应要小。从榫卯摩擦力来看，贯榫的摩擦力要大于半榫的摩擦力。前腿足采用半榫工艺，其目的是使挑檐床正立面下拉档部位不出现贯榫，因为贯榫会影响美观。正立面采用贯榫工艺，有两种情况。第一种：明代生产的多数椅台桌凳比较注重实用，讲究结构牢固，因此正立面常用贯榫工艺。这在明代遗存家具中可以得到佐证。第二种：在清早期，人们的审美观开始发生变化，家具向实用和美观并重的方向发展，故有少量家具的正立面不再出现贯榫，但是，大量的椅台桌凳前面仍旧采用贯榫，这主要是为了加大结构强度。有的半榫为加大强度，采用加长榫头的方法。从拆解的家具可以看出，即使是半榫，其长度也达到了工件厚度的3/4。

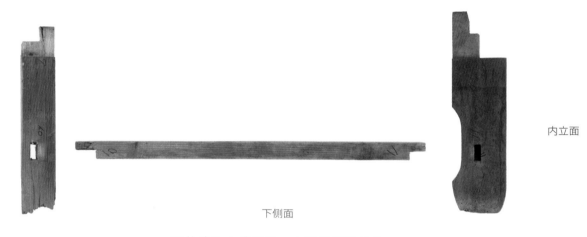

下侧面

内立面

下拉档和左前腿足、中腿足榫卯结构

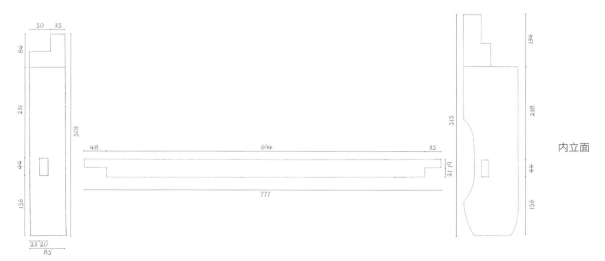

下侧面

内立面

手绘下拉档和左前腿足、中腿足榫卯结构

贯榫 ③（床楞和床帮、中横档榫卯结构）

床楞和前后床帮接合主要运用半榫和贯榫。虽然组装中贯榫比半榫数量少，但其作用不可小视。第一，八支床楞均匀摆放，受力较大部位是床两头的第二支床楞。无论坐着还是上床休息，人的重心都在床头第二支床楞上。第二，卯孔创伤面小而强度大，前面谈及大进小出榫工艺时已有阐述。其他六支床楞采用半榫，同样符合结构力学原理。第三，床帮和床楞组装的两端第二支床楞均用贯榫，四个贯榫头再用木楔紧固，使承重力最大的部位结构得到加强。剩余六支床楞无须用贯榫工艺。

反立面

正面

反立面

床楞和后床帮、中横档榫卯结构

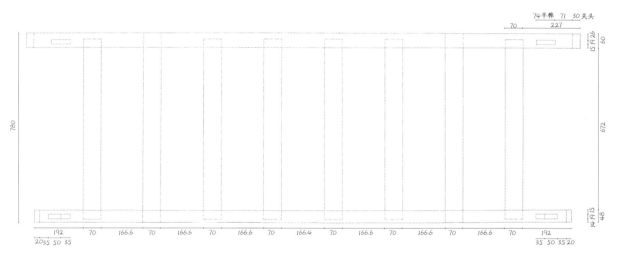

反面

手绘床楞和后床帮、中横档榫卯组装示意图

贯榫 ④ （云纹框横档和竖档榫卯结构）

　　这种贯榫的横档正面采用45°人字肩割角，反面采用90°平肩。贯榫连接竖档后再连接前床柱。此榫工艺对木匠要求较高。榫和卯要紧密配合，才能保证正反面肩组装的严密性。根据工艺，贯榫要用木楔来固定榫头。贯榫再做半榫不好关木楔，但是，又要保证双面肩子和竖档榫卯结构的严密性，所以，榫卯的几何尺寸要准确，才能满足工件一榫两用的功能要求。

侧面

云纹框横档、花板和竖档榫卯结构

侧面

手绘云纹框横档、花板和竖档榫卯结构

贯榫 ⑤（云纹框上冒档和竖档榫卯结构）

　　传统贯榫工艺没有实现标准化。上冒档根子线采用向外人字45°割角形成人字肩。和中横档一样，正面人字肩厚5 mm，肩夹厚4 mm，榫厚9 mm，平肩宽9 mm。外框竖档与上冒档位置卯孔不好做整卯孔，也不存在此工艺。一般的上冒档为一半做肩、一半做榫。如料宽，榫的几何尺寸则另定。为什么人字肩后要做夹肩？因为45°肩做夹肩可以保证卯孔横向有摩擦力，起保护卯孔的作用。做夹肩工艺才能保证卯孔结构强度。下横档正面采用45°人字肩及肩后夹肩，反面采用90°平肩。下横档和竖档以贯榫连接。竖档侧面的贯榫以木楔固定。

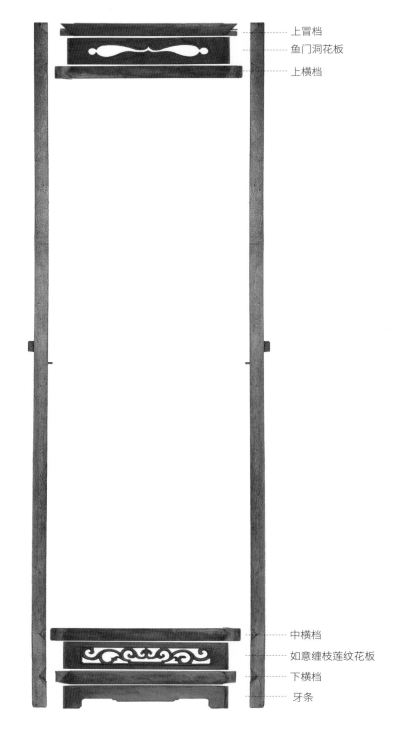

上冒档
鱼门洞花板
上横档

中横档
如意缠枝莲纹花板
下横档
牙条

正立面

云纹框上冒档、花板和竖档榫卯结构

正立面

手绘云纹框上冒档、花板和竖档榫卯结构

贯榫 ⑥ （围栏外框横档和竖档榫卯结构）

　　上下横档和左右竖档用 45°大割角贯榫连接。上下横档长度计算好后，两端头做榫。侧围栏横档榫长度为 57 mm，正立面 10 mm 为肩，10 mm 做榫，反面 10 mm 为肩。侧面 20 mm 为主榫，17 mm 为肩。同样，竖档长度计算好后，两端头按上下横档的两端头几何数据做卯（先试组装）。围栏组装好后，围栏两端上下各出现两个 20 mm 出头榫，和床角柱连接。这种贯榫采用了一榫二用工艺。

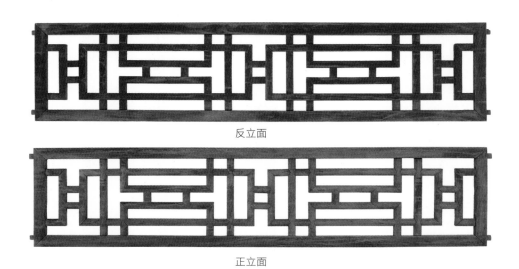

反立面

正立面

侧围栏横竖档和贵方、半贵方组装件

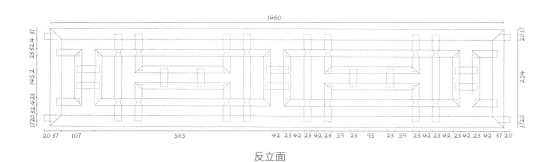

反立面

手绘侧围栏横竖档和贵方、半贵方榫卯组装示意图

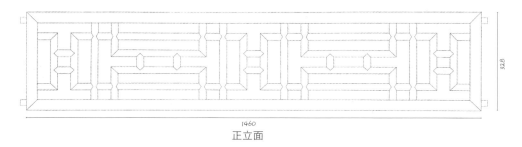

正立面

手绘侧围栏横竖档和贵方、半贵方组装件

架子床和拔步床围栏与其他类别的围栏不同，制作要求比较高。其纹饰有很多种，如回纹、如意纹、万字纹、海棠纹、螭龙纹、窗格贵方等。

这些吉祥纹饰表达了人们对美好生活的向往和祝福。每一款纹饰都是利用小料通过榫卯工艺攒接而成的，体现了木匠高超的手艺。

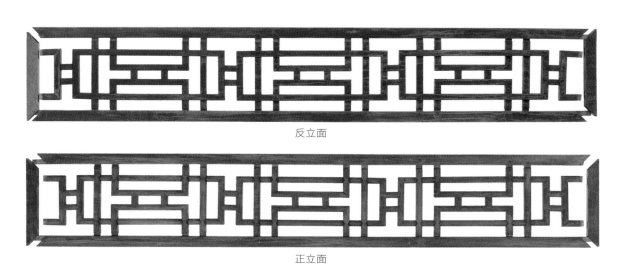

反立面

正立面

后围栏外框横档和竖档榫卯结构

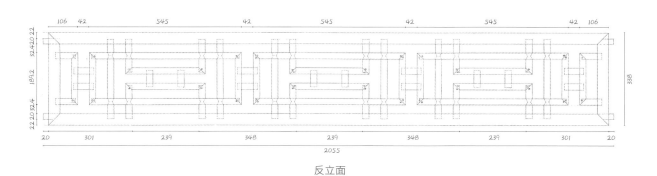

反立面

手绘后围栏横竖档和贵方、半贵方榫卯组装示意图

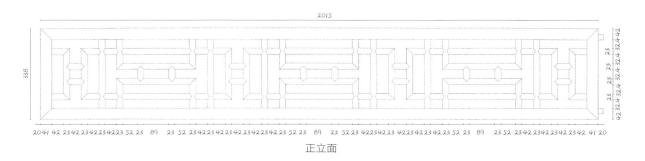

正立面

手绘后围栏横竖档和贵方、半贵方组装件

贯榫 ⑦ （挑檐中竖档和上横档榫卯结构）

这是比较常见的榫卯工艺，讲究的是正立面 人字肩割角送人字肩工艺。贯榫在上横档出榫后，

人字肩节点的正面要平整。竖档和横档拼接要严密。

挑檐左右中竖档和上横档榫卯结构

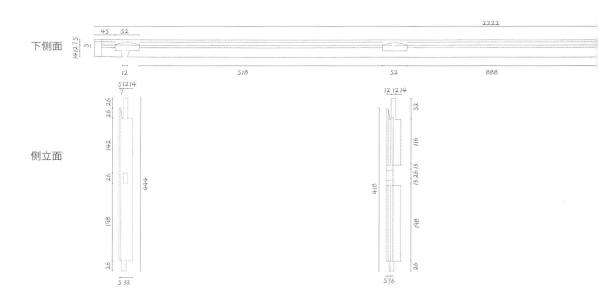

手绘挑檐左右中竖档和上横档榫卯结构

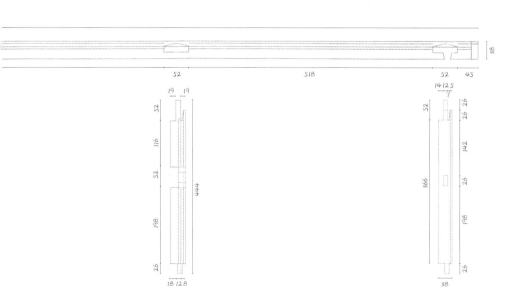

贯榫 ⑧ （床顶板竖档和上下横档榫卯结构）

因为横档两端有关头，所有四支竖档全部采用贯榫工艺。双面平肩的贯榫工艺比较常见。即使前立面横档有贯榫也不影响美观。床顶板不承受任何力，所以，横档贯榫受力面比半榫的大，可增强顶板结构牢度。

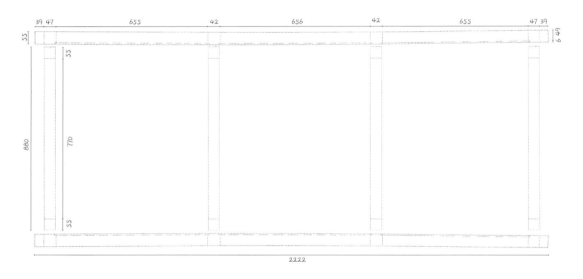

反 面

手绘床顶板竖档和上下横档榫卯结构

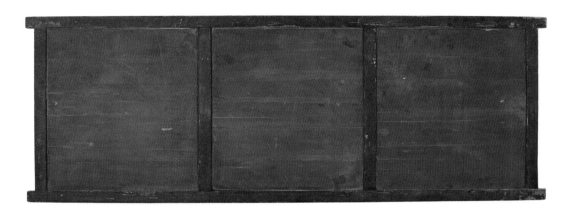

正 面

床顶面心板和横竖档组装件

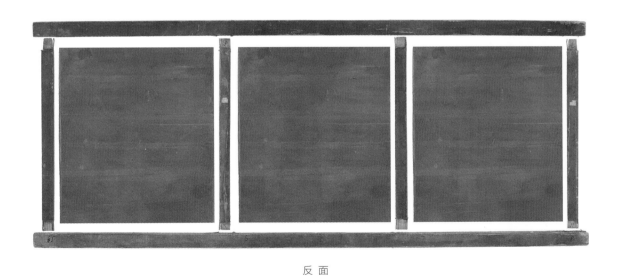

反 面

床顶面心板和横竖档榫卯结构

燕尾榫   工件的榫头如燕尾形状，故名。

燕尾榫（下侧箍山和前后床帮榫卯结构）

燕尾榫常用于下箍山[1]和前后床帮的端头部分的连接，在通作挑檐架子床上有6种表现手法，分别是：

1. 扒底销子：牙条和前床帮榫卯结构。
2. 下箍山：下箍山和前后床帮榫卯结构。
3. 鱼尾扣：贵方横档与竖档榫卯结构。
4. 角牙：角牙和门柱、前箍山下横档榫卯结构。
5. 顶箍山[2]：箍山榫和角柱卯孔结构。
6. 挑檐：侧箍山前端与挑檐外框竖档榫卯结构。

共计90多个榫卯结构节点都采用燕尾榫工艺。尽管这些榫大部分都有别的名称，不叫燕尾榫，但它们都是从燕尾榫演变而来的。

前后床面组装后，下箍山两端做成燕尾榫。

前后床帮两头也做成榫卯。要特别注意的是，榫头斜度不宜过大，否则燕尾榫端头部分容易裂开，导致牢度减小。若榫头斜度过小，受力面就小，导致燕尾榫的箍力作用不能发挥。下箍山中段做卯孔，与中横档两端头组合为半榫结构。两个侧面下箍山组合后，床坐面（睡面）就组装完成了。

榫卯工艺如下：在下箍山两端头用角尺划出榫位置（要按照床的宽度来计算），榫长40mm，坐面向下33（38）mm为肩，30（20）mm为榫，13（23）mm为夹子肩，30（20）mm为榫，24（29）mm为反面肩；榫做好后，在前后床帮上用成品榫划出卯孔位置；先用角锯锯，锯时注意不能超过根子线，再用凿子把卯孔做好。

下箍山和前后床帮榫卯结构

下箍山和前后床帮组装后的床侧面

---

[1] 下箍山，全称应为下侧箍山，南通本地木匠习惯称为下箍山。
[2] 顶箍山，也称四面箍山（指前箍山、后箍山、左侧箍山和右侧箍山），是固定床上部架子、增强床结构力和箍力的重要部件。

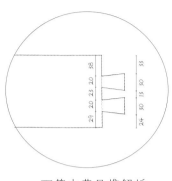

下箍山燕尾榫解析

中横档和下箍山半榫卯结构

床各个部件组装后，所有贯榫用木楔固定，使床体结构更加牢固。床以正常状态摆放，不要轻易移动。床两侧分别用下箍山与前后床帮相连，从而成为一张完整的组合床。在睡面床楞上铺设铺板、棉絮就可以睡觉了。

架子床一般放在卧室内，供睡眠、休息，也可放在内书房，供小憩。

罗汉床可放在书房、客厅和卧室。放在书房可供小憩，放在客厅可作为坐具招待上宾，放在卧室可供睡眠、休息。

床放在卧室内的位置也有讲究，一般放在房间的后部，在上首房间靠西面墙，在下首房间靠东面墙。用于睡觉的床具不可以放到客厅，因为客厅一般是用来接待客人、祭祖的地方，放床代表不敬。

在没有舶来品床具之前，人们一般是在床楞上摆放木制床铺板。经济条件差的人家用芦苇编成铺板；经济条件好的人家用棕绳编成铺面（睡面）；再讲究一点的用棕绳做底，用手工编藤铺面做睡面，在睡面上铺上棉絮或凉席等。所有床具铺设后不得超过前后床帮及两侧箍山的高度。睡面宽度、长度和高度在床帮、下箍山控制的范围内。

反立面

手绘后腿足和后床帮榫卯组装示意图

组合床立面造型

注：

　　如果挑檐架子床牙条上口、左右腿足足底成品尺寸上下大小一致，正立面会让人产生上大下小的感觉，感到不美观。

　　有经验的木匠在榫卯生成割角成肩子后，要进行试组装，在正面45°割角的外角、90°直角的上角，用角锯校正为45.5°的大割角、反面91°平肩，以及大于90°的角，使左右腿足向外微微叉开（一般向外叉开3 mm）。从正立面看，左右腿足微微向两边叉开，上小下大，既符合透视原理，又能给人有张力和稳定的视觉效果。

活榫

可以轻易组装和分离的榫为活榫。

活榫 ① （后角柱和后床帮榫卯结构）

安装后角柱可从左右任意一边开始。安装步骤：先安装一支后角柱，再安装后围栏（围栏上下横档贯榫组装后，作为半榫），然后连接另一边后角柱。围栏和角柱连接后，将另一端角柱插入后床帮卯孔中。

后角柱与后床帮、后围栏与后角柱、侧围栏与前后角柱之间的连接结构都是活榫。围栏活榫和角柱卯孔虽然没有角柱榫头和前后床帮卯孔要求高，但是榫卯尺寸也要准确。

床上部件组装过程之一

活榫在通作家具中俗称插榫。床睡面除前后床睡面固定不变外，两侧下簏山和床帮睡面向上全采用可拆卸的工艺。可以拆卸的部件包括床柱、围栏、云纹框等，全部采用活榫工艺。床柱尺寸要算好，卯孔要做好，且要垂直。卯孔四周与后床帮面呈90°，不可向任何一个方向倾斜。榫和卯孔要紧密接合。在试组装前，用刮刀沿榫四周各刮掉2丝左右（不能只刮一个面）。在多次试组装

后，榫卯达到不紧不松的状态最佳。

床柱承担床顶板及四周簏山的重量，有的用户还在顶板上放置物品。之所以要强调上面几点要求，是因为如果这几点做好了，榫四周受力一致，睡觉时翻身（活荷载）就不会致床有响声。如卯孔不正，因为榫在卯孔中的受力不均匀，摩擦力不一致，床就会"吱吱呀呀"响。

床上部件组装过程之二

手绘后左右角柱和后床帮榫卯结构

活榫 ② （前角柱和前床帮榫卯结构）

前后床帮是床柱活榫结构的基础。前角柱和前床帮榫卯结构与后角柱和后床帮榫卯结构在装饰上稍微有一点差异，就是前角柱多了个柱础（一种装饰）。后角柱组装时直接插入后床帮，而前角柱要先组装柱础，再插入前床帮。和后角柱一样，卯孔和柱榫尺寸要准确。

床上部件组装过程之三

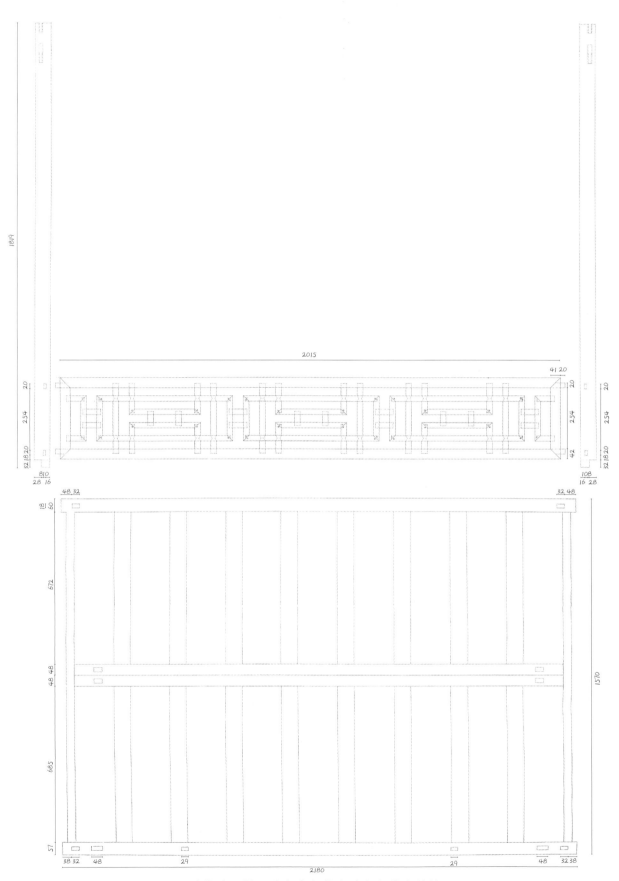

手绘后围栏、后左右角柱和后床帮榫卯结构

床上部件组装过程之四

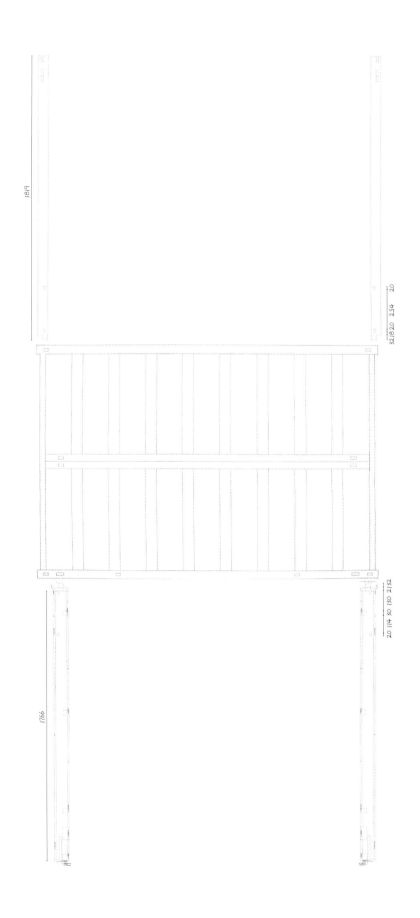

手绘前角柱和前床帮、后角柱和后床帮榫卯结构

活榫 ③（云纹框和前角柱、门柱榫卯结构）

云纹框和前床柱连接主要靠上横档、中横档的贯榫和云纹框竖档外侧中部的活榫。云纹框上横档和中横档以贯榫与竖档连接。竖档外侧各出现 2 个 15 mm 的贯榫。云纹框两竖档外侧面中心部位各有一个嫁接榫，以增强云纹框和角柱中间的节点强度。这样，云纹框两侧各有 3 个半榫连接前床柱，可以保证云纹框结构的牢度。

床上部件组装过程之五

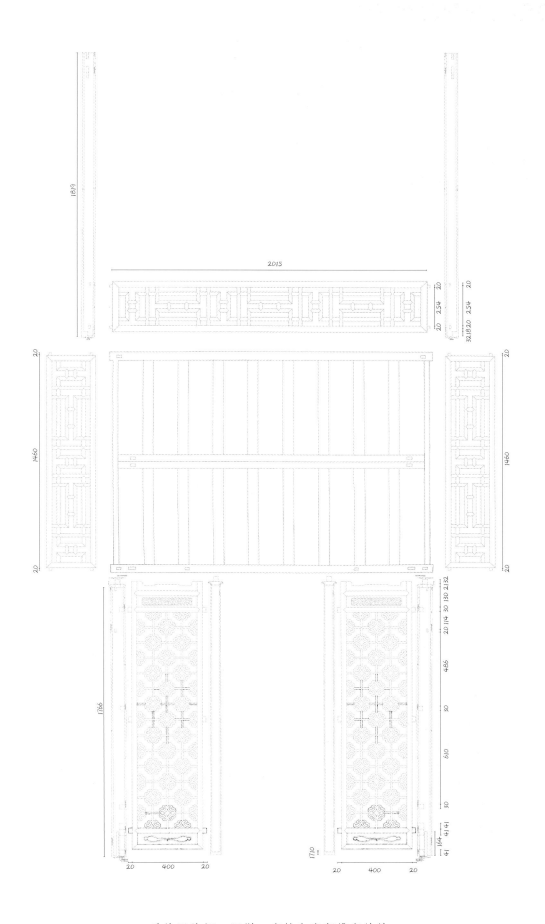

手绘云纹框、围栏、床柱和床帮榫卯结构

活榫 ④ （前箍山、门柱和前床帮榫卯结构）

云纹框的固定利用了床立面设置的前角柱和门柱。门柱柱头榫采用 45°割角，蒲鞋肩[1]、夹肩后为半榫。门柱厚 44 mm。前箍山下横档厚 31 mm，与门柱出现 13 mm 的厚度偏差，为图省工，割成平肩。如在卯孔位置做成夹子肩，门柱反面出现送肩工艺，则既能提高侧面的美观度，又能起到增加前箍山和门柱之间的侧面夹力和摩擦力的作用，从而增强床架前立面的结构强度。

门柱同前角柱一样，柱下面用柱础来装饰。在柱础和云纹框相应位置，切一缺口，可起到固定云纹框下角的作用。

柱础缺口特写

床上部件组装过程之六

[1] 通作家具使用得比较广泛的一种工艺,在工件十字棍子线向里做 45°割角,但线不到头,只考虑起线向外扩大 5 mm 至 7 mm 作为送肩,形象比喻像蒲鞋一样。

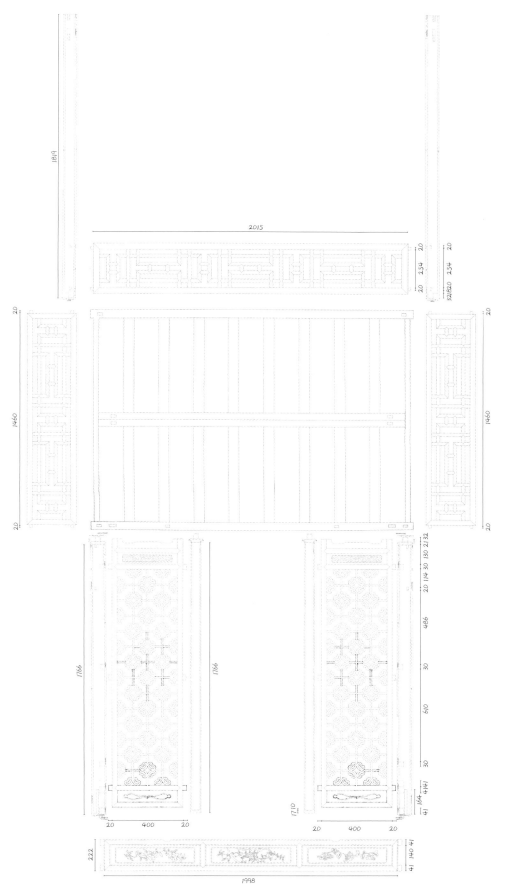

手绘云纹框、围栏、前篏山、床柱和床帮榫卯结构

走马销榫

走马销榫是从燕尾榫演变而来的。其榫头从侧面看如同燕尾，是一个上大下小或前大后小的，并可以左右或上下移动的榫。

正立面

侧面

正立面

侧立面　　　　　　　　　　　　　　　　侧立面

角牙和前箍山下横档、门柱榫卯结构

走马销榫 ① （角牙和前箍山下横档榫卯结构）

走马销卯口设置是根据部件的功能和榫头的移动方向而定的。主要有以下几种形式：前面是大口，后面是小口；上面是大口，下面是小口；或反之。当走马销榫头从大口移动到小口被卡住时，实际上是走马销榫完成了组装。

床门面两个上角设计了拐儿纹角牙，既避免了床门的单调，又是一种具有地方性文化特点的艺术点缀。门柱、云纹框和前箍山组装后形成了床门面。左右门柱侧面近上角处设置了宽 10 mm、深 12 mm 的卯孔。左右角牙上部 4/5 位置设有走马销卯孔。在组装时将角牙榫投入卯孔，轻轻用力向前推，使角牙根部连接门柱（采用半榫结构工艺），左右角牙就牢牢固定在门柱及前箍山下横档上了。

正立面

手绘角牙和前箍山下横档、门柱榫卯结构

走马销榫 ② (侧箍山和挑檐外框竖档反面榫卯结构)

左右侧箍山和两侧前后角柱组装后,通过走马销榫和前挑檐榫卯结构,完成了前挑檐组装。从图中可以看到,一方面侧箍山上横档采用半燕尾榫。这实际上是半榫工艺,对前挑檐外框竖档受力面起到一定的保护作用。另一方面,该走马

销榫是从下向上受力的。下横档走马销榫受力从下向上逐渐增大,像桌面心板穿带一样,桌面心板穿带前一半不受力,向后慢慢受力,到最后受力面最大。而前挑檐走马销榫卯结构不同于侧箍山榫卯结构。其工艺特征是两侧箍山上下横档伸

侧立面

侧箍山和挑檐外框竖档组装示意图

出角柱，具有一定的挑力，榫卯主要受力点在下横档榫端头，起平衡作用，上横档半燕尾榫起牵引作用。组装时，上下横档的走马销榫分别与上下卯孔组合后，前挑檐轻轻一拍就下去了。组装

时要注意的是，先将夹档板嵌入挑檐竖档和前角柱槽卯。被固定的夹档板对挑力最大的箍山下横档起支撑作用，分担了前挑檐的受力，同时保证了挑檐平衡，并对前侧面起装饰作用。

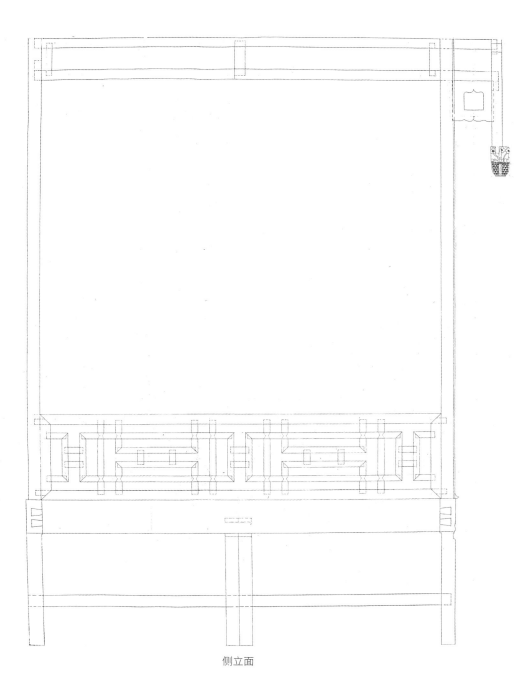

侧立面

手绘侧箍山和挑檐外框竖档榫卯组装示意图

走马销榫 ③（右侧箍山和后右角柱榫卯结构）

传统架子床和现代高低床的床帮一直沿用走马销榫结构。床结实不结实，完全取决于榫卯。走马销榫要和卯孔（指受力卯）紧密配合，才能保证榫卯结构强度。中国传统的走马销榫卯工艺运用在家具上已经几百年了，至今还在继续使用。

内立面

前立面

右侧箍山和后右角柱榫卯结构

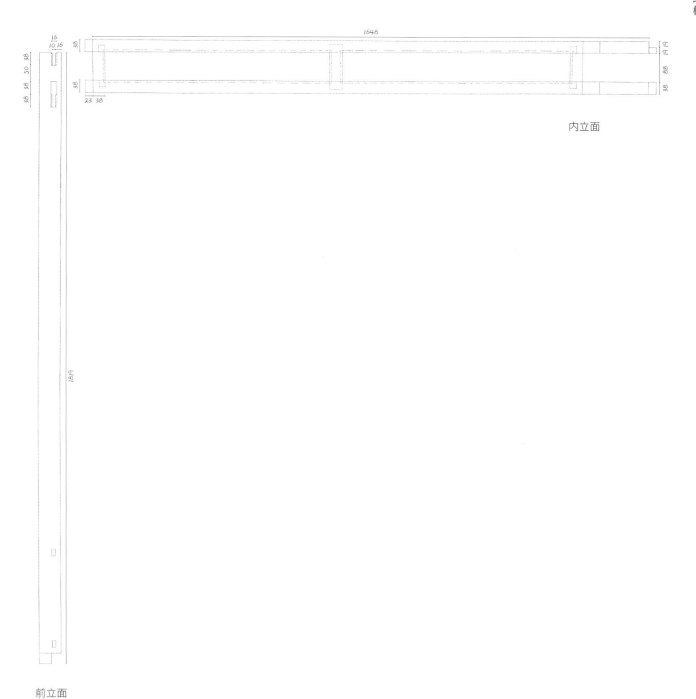

内立面

前立面

手绘右侧箍山和后右角柱榫卯结构

走马销榫 ④（左侧箍山和后左角柱榫卯结构）

箍山采用的是走马销榫，其榫头可上下移动。它的结构原理与抽帮和抽面[1]结构原理相同，不同之处在于上下横档的两个卯孔。上横档卯孔是一个外口小、里口大的卯孔。下横档的卯孔为一个竖长方形大卯孔，下面连着一个外小内大的卯孔。这种卯孔在左后角柱上端内侧。当下横档走马销榫先入方形卯孔时，上横档榫头处于不受力的状态（上横档榫头从柱头上面进入卯孔）。从上

内立面

左侧箍山和后左角柱榫卯结构

前立面

[1] 是指抽屉的前后面板和侧面板，其板头结合处采用燕尾榫。

向下组装时，上横档和下横档同时进入两个卯孔受力即组装成功。初次组装走马销榫，不要到卯孔底，应留 4 mm，但卯孔要和走马销榫紧密配合。随着多次组装，走马销榫所及位置慢慢向下，榫卯结构牢固度不会比刚做出来的低。

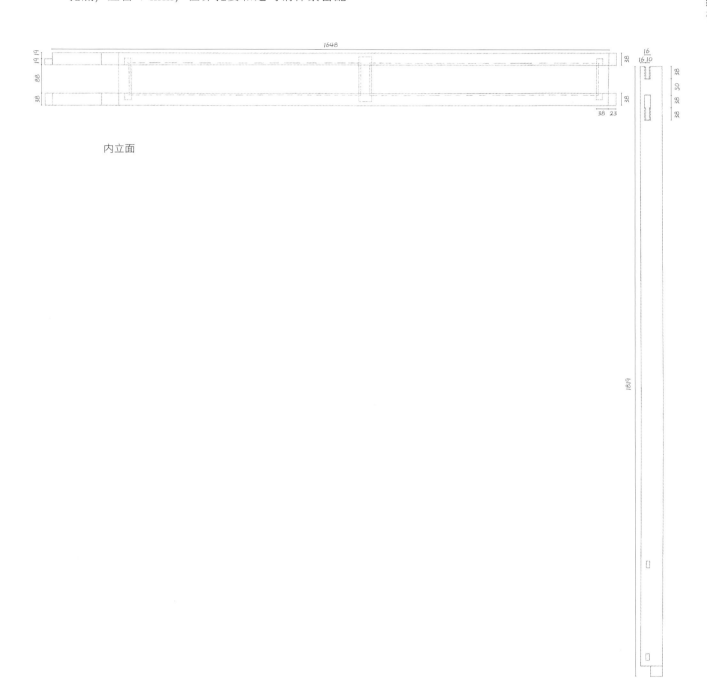

内立面

前立面

手绘左侧箍山和后左角柱榫卯结构

走马销榫 ⑤ （后箍山和后左右角柱榫卯结构）

后箍山上下横档两端头做成燕尾榫和后左右角柱卯孔相连接。走马销榫和床角柱试组装时，每个卯孔下端（卯孔下端 1/4 处）和走马销榫的配合要比 3/4 处榫卯结构的配合更紧密。新床组装时，走马销榫会越装越紧，通常不会装到卯孔底部，而是留出 4 mm 左右。因为床要反复拆卸，榫卯会越拆越松，会装床的师傅每次不会把走马销榫安装到卯孔的底部。

内立面

侧立面

侧立面

后箍山和后左右角柱榫卯结构

箍山上下横档档头做成榫（做在工件正中位置），榫长25 mm。走马销榫根部正面10 mm为肩，10 mm为榫，反面11 mm为肩，正反面肩偏差1 mm。后角柱内侧做卯，柱头向下41 mm为上横档卯孔底部位置，留47 mm为上下卯孔之间的间隔，往下41 mm为箍山下横档档头进入下卯孔的入孔底，再往下41 mm为固定箍山下横档榫头的卯孔。柱头边线向里13 mm为棉线。以棉线为

基准线，后角柱上端有上下两个卯孔。上卯孔外小内大，长41 mm、外宽10 mm、内宽16 mm、深26 mm。下卯孔由上大、下小两个相连的卯孔组成。上面的卯孔内宽、外宽都为16 mm，深26 mm。与之相连的卯孔与上卯孔尺寸相同。操作程序是，先凿宽10 mm、长41 mm、深26 mm的卯孔，凿好并检查几何数据无误后，向两边各扩大3 mm到26 mm深，清理卯孔后待试组装。

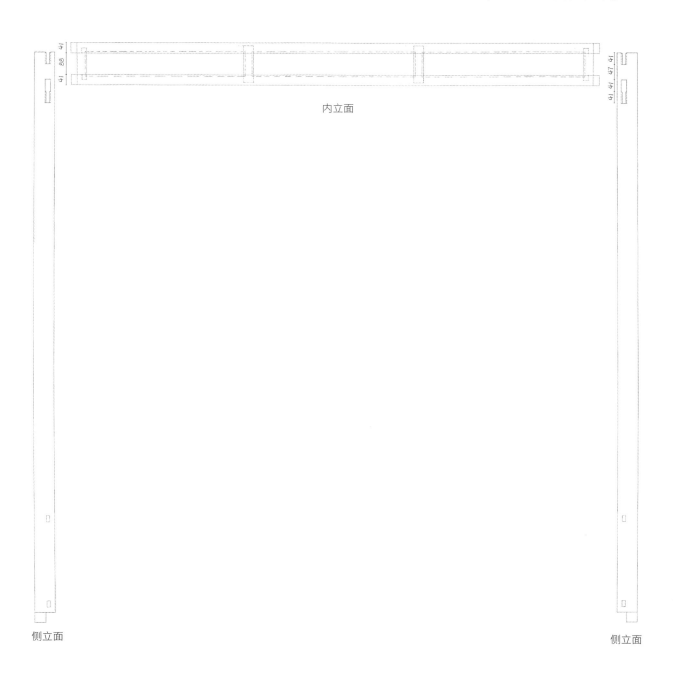

内立面

侧立面　　　　　　　　　　　　　　　　　　　　　　　侧立面

手绘后箍山和后左右角柱榫卯结构

走马销榫 ⑥ （前箍山和前左右角柱榫卯结构）

走马销榫，南通工匠称为床箍山榫。架子床上面部件的整体结构是否紧密、稳固和安全，完全取决于走马销榫是否精确牢固。走马销榫安装容易，拆卸简单。

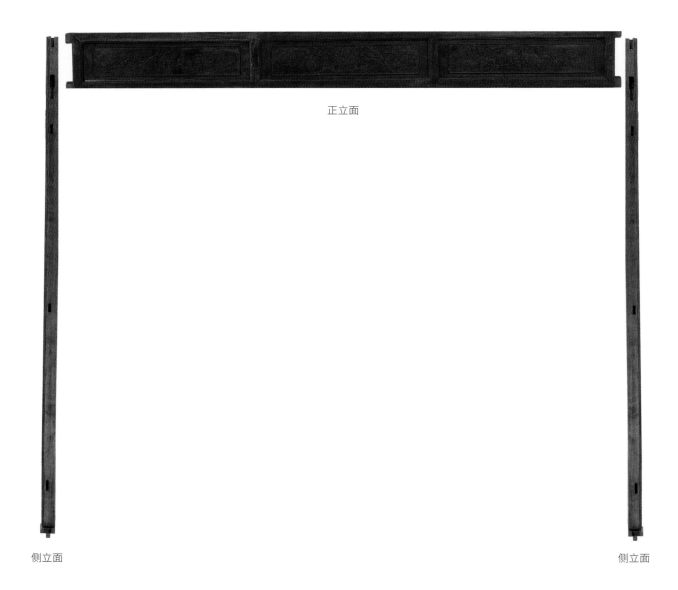

正立面

侧立面   侧立面

前箍山和前左右角柱榫卯结构

前箍山与前角柱采用走马销榫卯结构连接。但有一点不同的是，前箍山上下横档和竖档前立面采用45°割角，两端头各留25 mm做走马销榫。同前左右角柱结构工艺，走马销榫卯节点在制作时要充分考虑木材的含水率。第一，选材时，每个节点木纹要顺直。有绞丝纹、死节、树头等问题的材料不能使用，因为如材料有缺陷，床上部工件在拆卸或组装时会弯曲甚至断裂。第二，木材气干密度要适宜。气干密度大于 0.9 g/cm³ 时，

走马销榫大小头角度通常为86°，也就是说，走马销榫大小头斜度要略大；气干密度小于 0.8 g/cm³ 时，走马销榫大小头角度通常为 83°，即走马销榫大小头斜度略小些。走马销卯孔上口用板凿倒边，走马销榫头先受力。组装时，走马销榫两边的角不能崩角。崩角对榫卯结构造成的伤害是无法弥补的。还有一点，榫卯要紧密配合，在试组装时要调整好，这样床才不会有响声。

手绘前箍山和前左右角柱榫卯结构

挑檐架子床后立面造型

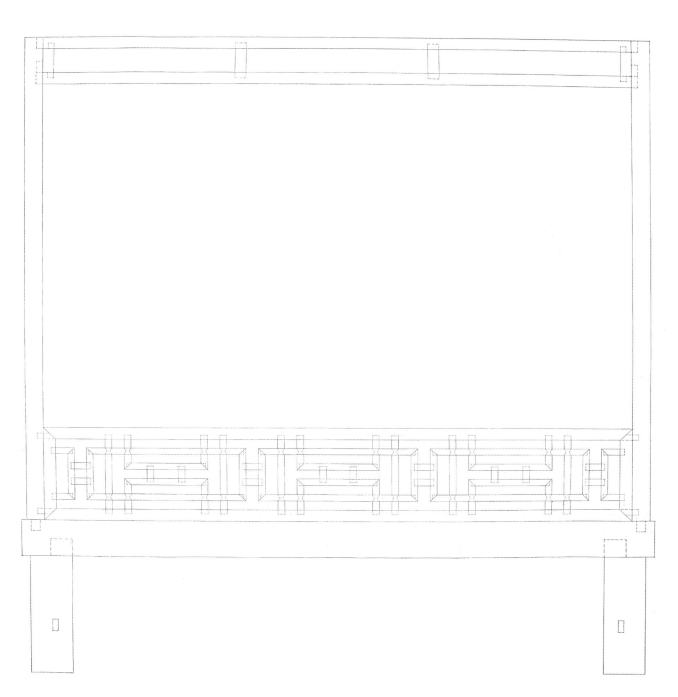

手绘架子床后立面部件榫卯组装示意图

架子床前立面造型

一席绮梦 —— 一张通作楠木挑檐架子床的解读
YIXI QIMENG YIZHANG TONGZUO NANMU TIAOYAN JIAZICHUANG DE JIEDU

挑檐架子床的地域性比较强。如前所述，从清中期到清末，床坐面用下拉档和档板，并配置踏板。这张通作楠木挑檐架子床也改成了这种形式，也配有踏板，其一头放马桶。在南通地区新婚之日，马桶（子桶）必不可少。子桶代表子子孙孙，多子多福。在新人圆房之前，子桶用青皮（南通当地的一种土皮）包好，放在床顶板上。子桶里放上被染成红色的花生果（长生）、糖块（甜甜蜜蜜）、红枣（早生贵子）、籽花（多子多福）、筷子（快子）。其寓意都是对新人的祝福。

手绘架子床前立面部件榫卯组装示意图

槽榫

与槽结合的榫为槽榫，又称为企口榫。

槽榫 ① （夹档板和前角柱、挑檐外框竖档榫卯结构）

为了保证挑檐的平衡和美观，前角柱和挑檐外框竖档反面之间设置了夹档板。挑檐外框竖档反面和前角柱对应高度的部位做成槽卯，夹档板前后边做成榫。前角柱、外框竖档和夹档板榫卯做好后，夹档板要先安装，用来平衡前挑檐。角柱和挑檐竖档同样施以活榫工艺。加工时几何尺寸要准确，特别是夹档板要方正，床和挑檐才能方正，从而保证挑檐的美观。

反立面

正立面

剖面

前挑檐夹档板槽榫结构

反立面

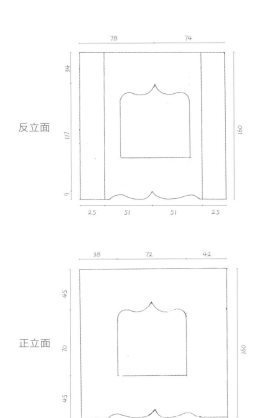

正立面

剖面

手绘前挑檐夹档板槽榫结构

侧立面

夹档板和前角柱、挑檐外框竖档组装件

槽榫 ② （鱼门洞、如意缠枝莲纹、牙条和外框竖档榫卯结构）

　　云纹框中的鱼门洞、如意缠枝莲纹、牙条等装饰花板用槽榫与档边槽卯接合。清以前，面心板与边框的结构为宽双边不做进槽榫卯，即宽边和横档直碰，长边两端头的边做进槽榫。如明代的大部分椅子面、桌子面只有长边两头做榫入槽卯，宽边一般不做此工艺。这也成为辨别明代家具的一项标准。一般槽榫宽 5 mm 至 6 mm，花板厚度为 10 mm，入槽部分刨成斜坡，两端入槽卯来固定夹档花板。

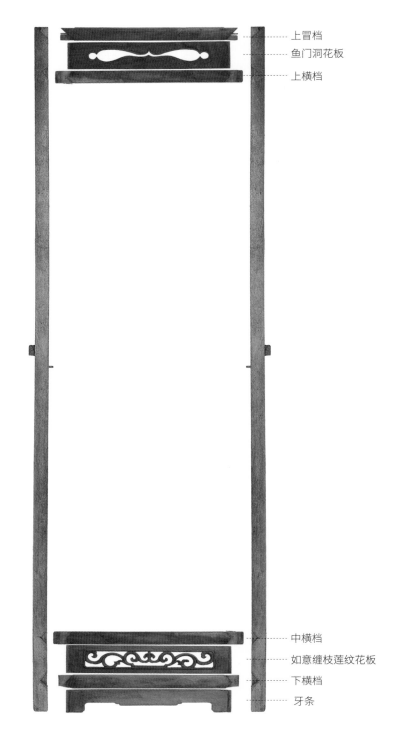

上冒档
鱼门洞花板
上横档

中横档
如意缠枝莲纹花板
下横档
牙条

正立面

云纹框横档、花板和外框竖档榫卯结构

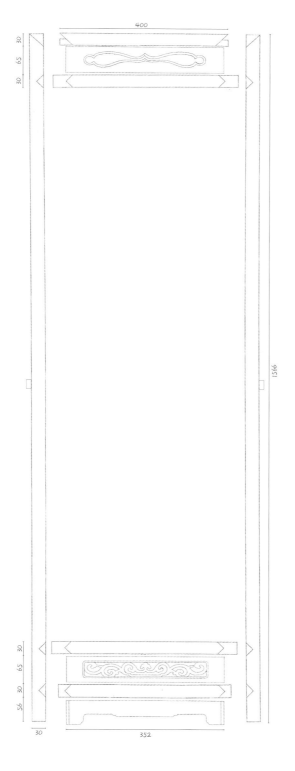

正立面

手绘云纹框横档、花板和外框竖档榫卯结构

槽榫 ③（前箍山花板和横竖档榫卯结构）

前箍山花板采用四落槽工艺。这属于槽榫（卯）结构。所谓四落槽，就是花板上下左右四边都做成榫，并进入横竖档的槽卯中。这是比较讲究的、常用的榫卯工艺。

正立面

内侧面

花板横剖面

前箍山花板和横竖档榫卯结构

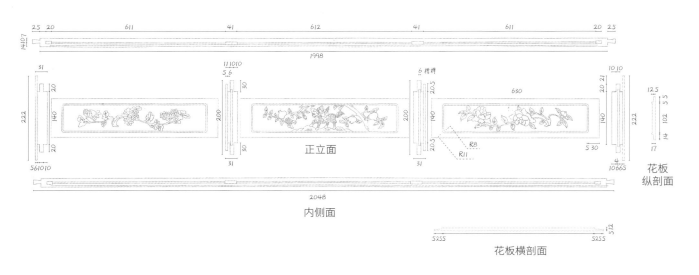

手绘前箍山花板和横竖档榫卯结构

槽榫 ④ （后箍山面心板和横竖档榫卯结构）

这种结构采用四落槽工艺，槽卯规格为 6 mm×6 mm，面心板厚 10 mm。面心板反立面按卯孔宽度平刨四周倒边。榫和槽要紧密配合。

槽卯深 6 mm。面心板一般纵向不会收缩，横向因天气等原因会收缩。

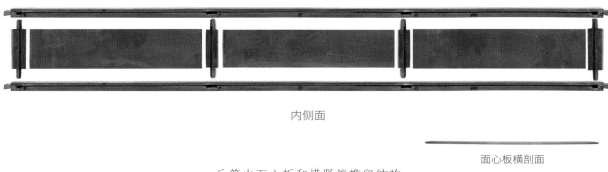

内侧面

面心板横剖面

后箍山面心板和横竖档榫卯结构

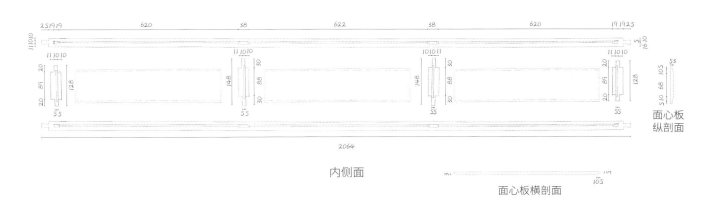

内侧面

面心板纵剖面

面心板横剖面

手绘后箍山面心板和横竖档榫卯结构

反立面

正立面

后箍山面心板和横竖档组装件

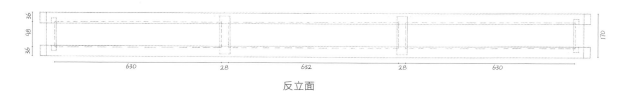

反立面

手绘后箍山面心板和横竖档榫卯组装示意图

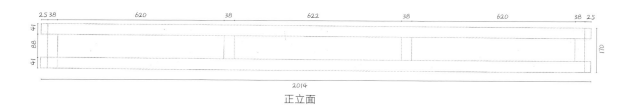

正立面

手绘后箍山面心板和横竖档组装件

槽榫 ⑤ （侧箍山面心板和横竖档榫卯结构）

同后箍山一样，面心板采用四落槽榫（卯）结构。

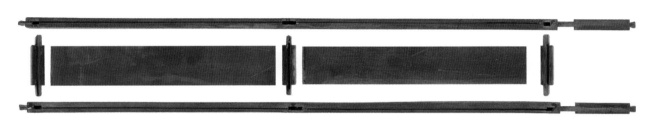

内侧面

侧箍山面心板和横竖档榫卯结构

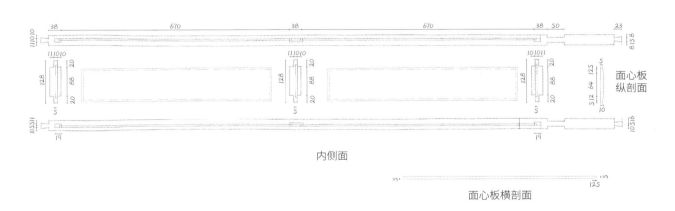

内侧面

面心板横剖面

手绘侧箍山面心板和横竖档榫卯结构

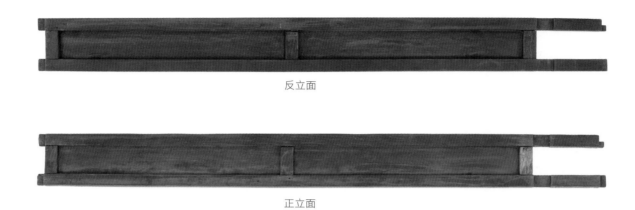

反立面

正立面

侧箍山面心板和横竖档组装件

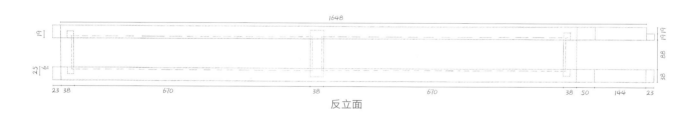

反立面

手绘侧箍山面心板和横竖档榫卯组装示意图

正立面

手绘侧箍山面心板和横竖档组装件

正立面

手绘花卉人物雕刻挑檐

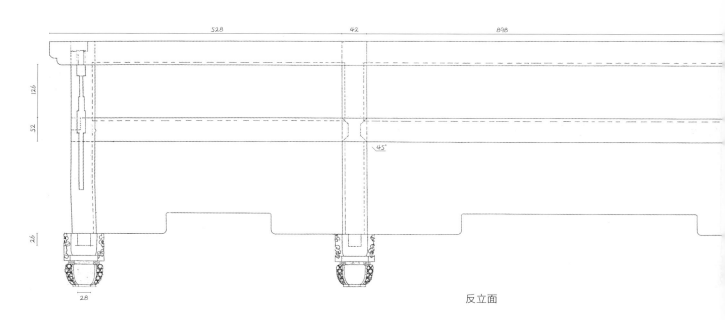

反立面

手绘花卉人物花板和横竖档榫卯组装示意图

槽榫 ⑥ （桥梁档花板和竖档榫卯结构）

下三块花板长边两端与竖档采用二落槽榫卯结构连接，挂锤也起到了支撑花板的作用。只要榫卯几何尺寸控制得好，就能保证挂锤和竖档榫卯结构产生足够大的摩擦力。在遗存的明代家具中，如椅子坐面、桌面面心板、橱面心板等面心板和面框结构，部分采用纵向两端二落槽工艺。从清中期开始面心板基本采用四落槽工艺。所以，根据面心板和外框的结构形式是对家具进行断代的方法之一。上夹档花板采用四落槽卯工艺。同一物件中的相同槽榫结构形式，其榫卯结构也不一样。

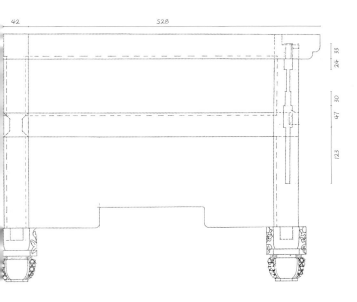

槽榫 ⑦（床顶面心板和横竖档榫卯结构）

　　四落槽榫卯结构是比较讲究的工艺。在横竖档侧面的槽卯规格为 6 mm×6 mm。沿四周按槽卯大小倒边时，榫卯几何尺寸配合要准确。槽榫偏大，卯孔会裂开，影响器物寿命；槽榫偏小，器物会出现响声。判断一件器物榫卯结构是否精巧，关键是看木材含水率是否适宜，几何尺寸是否准确，木匠手艺是否精湛。按传统工艺，面心板横档、竖档组装打磨好后，四周要贴漆布，待阴干后擦大漆，或做色后上大漆。同样的家具，上大漆的比不上的使用寿命要长 1/3 左右。因为大漆防水，又能保住木材水分。家具的木材含水率一般在 15% 左右。木材如果放在阴暗又特别干燥的地方，也不加以保护，就会逐渐失去水分。一旦失去水分，木材就会干枯。所以，家具外表一定要上大漆保护，从而延长使用寿命。

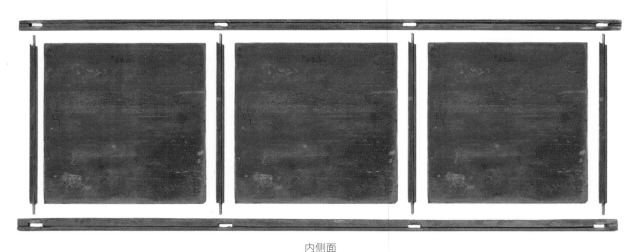

内侧面

床顶面心板和横竖档榫卯结构

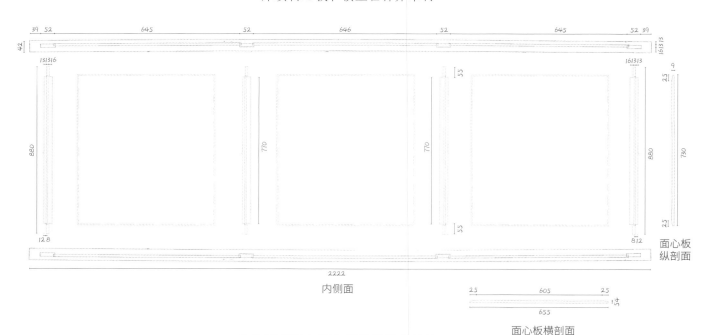

内侧面

面心板横剖面

手绘床顶面心板和横竖档榫卯结构

十字榫

横档和竖档十字相交的榫为十字榫。

十字榫 ①（挑檐中竖档和中横档榫卯结构）

十字榫工艺每个节点割角角度都不一样。木匠需要凭借审美能力，利用榫卯的结构力学来决定。竖档正面在横档节点外划线，在四个方向做45°割角，出14组夹子，其主要目的是使45°割角和 5 mm×5 mm 委角线交圈。反面采用90°平肩。侧面去掉一半，留正面部分。横档正面同样在四个方向做45°割角，中心部分去掉 26 mm，侧面去掉一半，反面保持不变。其中需要注意的

事项是，木材含水率要控制好，横档、竖档几何尺寸要方正，45°割角及榫卯结构要紧密配合、准确无误。榫卯配合过紧的话，工件可能会直接裂开。还有一种情况是受力大的一面可能会弯曲。返工拆卸时，不注意也会导致工件裂开。无论横档还是竖档，一旦裂开，就只能换料，重新做榫卯后组装。榫卯配合过松的话，质量也会打折扣。所以榫卯配合要恰当，才能保证家具的使用寿命。

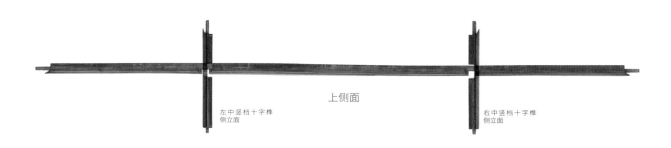

挑檐左右中竖档和中横档榫卯结构

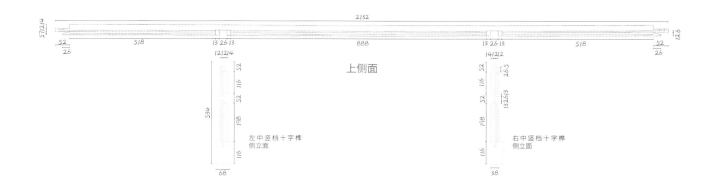

手绘挑檐左右中竖档和中横档榫卯结构

113

十字榫 ② （云纹框十字榫竖档和横档榫卯结构）

云纹框内的云纹连接和固定主要靠十字榫卯和外框横竖档。十字榫有两种工艺。第一种：横档正面去掉 1/2，保留反面 1/2 部分。竖档反面同样去掉 1/2，保留正面 1/2 部分，然后和横档十字形接合。这样形成的榫叫平肩十字榫。

第二种：横竖档反立面的侧面去掉一半，保留一半，正立面在竖档或横档的根子线的四个点，由十字榫中心部分向外割 31°角，两边各去掉 3 mm，中心部分保留 4 mm，然后横竖档以十字形组合。十字榫中心部分向外割角。因横竖档顶角角度大小不同，造型不能千篇一律，外割角角度大小取决于设计。

正立面

侧立面

下侧面

云纹框十字榫竖档和横档榫卯结构

云纹框十字榫

根子线指卯或榫的里边线，是家具制作中的一个关键点。评价一个木匠的手艺，不仅要看他是否在各个方面比较全面地掌握了木工技艺，还要看他对每个工件的根子线的把握情况。优秀的木匠在组装每个工件时，节点全部到根子线底部。

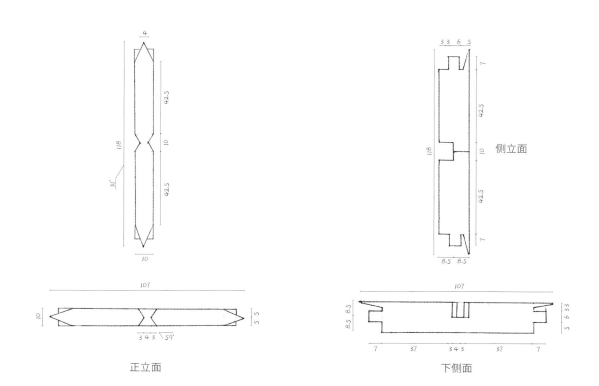

正立面

侧立面

下侧面

手绘云纹框十字榫竖档和横档榫卯结构

十字榫 ③（围栏中竖档和贵方横档榫卯结构）

围栏上的十字榫是挑檐床第三次出现的十字榫结构。围栏上的十字榫出现在横贵方的上下横档上，即围栏中竖档与横贵方横档，横半贵方竖档与贵方横档。一个横贵方会出现 8 个十字榫。在拆解这张挑檐架子床侧围栏及后围栏时，十字榫保存完好，没有出现裂开、损坏现象。由此证明，当时木匠对几何尺寸和木材的含水率都把控得很到位。含水率高于 15% 的木材会收缩（断面变小），同时，十字榫会松动，从而脱落。几何尺寸控制不好同样会导致十字榫脱落，卯孔侧面裂开，从而影响十字榫使用寿命。十字榫制作方法是横档侧面去掉一半，竖档正面四个角做 30°割角去肩，保留中心部分，横档同样做 30°割角后连同中心部分去掉，侧面同样采用各去掉一半的十字榫结构工艺。试组装时应轻拿轻放，注意肩角不宜过紧，否则受力大的一面会出现断裂。

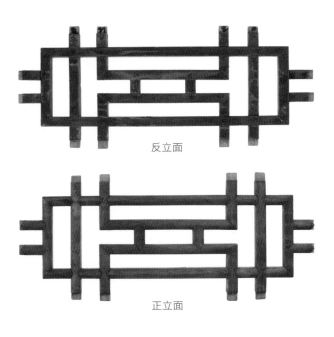

反立面

正立面

围栏贵方十字榫示意图

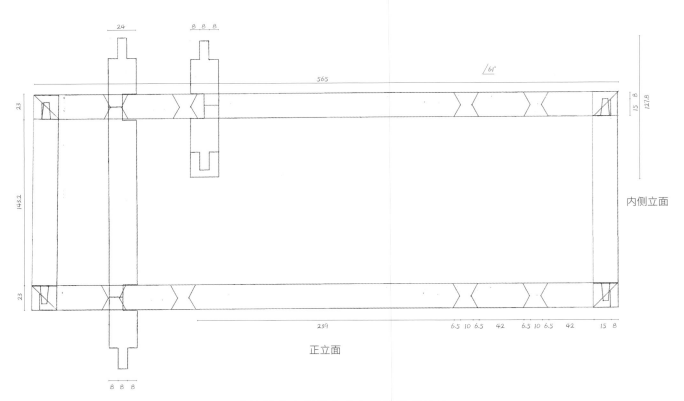

内侧立面

正立面

手绘围栏中竖档和贵方横档榫卯结构

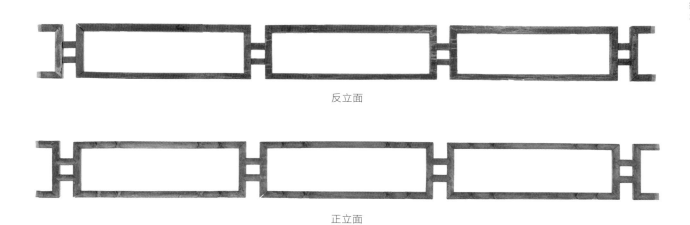

反立面

正立面

围栏小横档和贵方、竖半贵方组装件

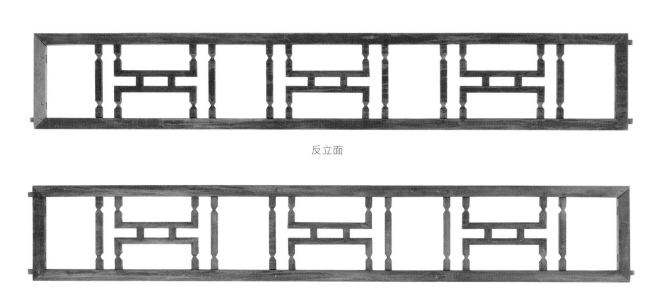

反立面

正立面

围栏竖档、横半贵方和外框组装件

嫁接榫

在竖档与竖档部件无法生成榫卯结构时，在竖档一侧纵向位置做卯孔，然后按卯孔大小做榫，一端固定在卯孔内（榫卯要紧密接合），另一端生成的榫为嫁接榫。

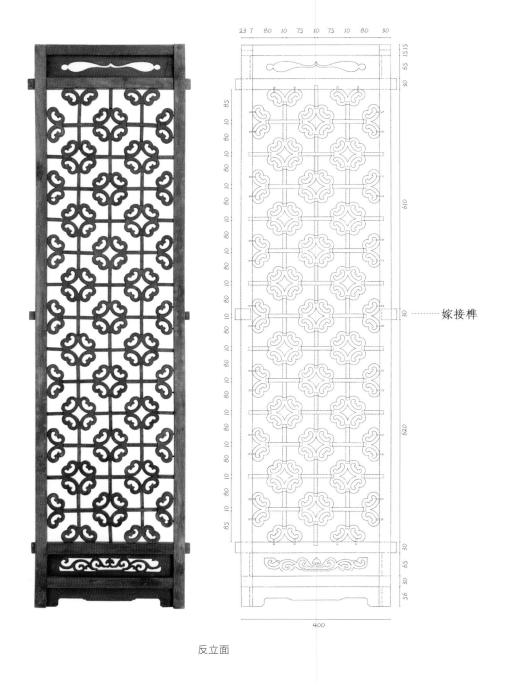

嫁接榫

反立面

云纹框外框竖档半榫和嫁接榫示意图（右为手绘图）

嫁接榫（云纹框和前床柱榫卯结构）

　　木匠在云纹框竖档侧面的中间位置先做卯（根据横档贯榫 30 mm×10 mm 的尺寸来定嫁接榫），再将嫁接榫固定在外框竖档的两侧卯孔中。云纹框是靠上下横档以贯榫与外框竖档接合后形成的贯榫固定于床柱上。由于固定于床柱上的两点距离较大，云纹框会出现前后晃动，因此木匠在竖档两贯榫之间各加了一个嫁接榫，这样对整个云纹框起到了加固的作用。

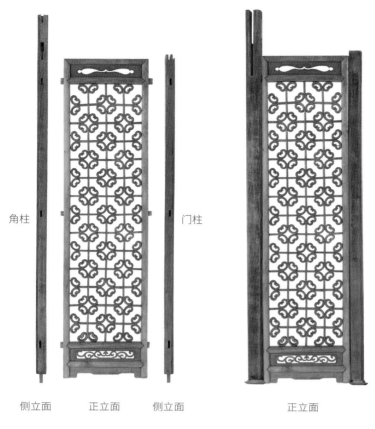

角柱　　门柱

侧立面　　正立面　　侧立面　　　　正立面

云纹框和前床柱榫卯结构（右为组装件）

架子床的左右云纹框

圆棒榫

用圆棒作结构件，使两个无法做榫卯的部件接合，这样的榫为圆棒榫。

圆棒榫（外框横竖档和二簇云纹榫卯结构）

特殊工件与工件连接但无法生成榫卯结构时，就只能用圆棒榫连接。圆棒榫最早可以追溯到古代圆作及拼板工艺。加工方法：先把结构部件按照几何尺寸划好线，然后进行加工（注意打榫孔要精确、垂直和齐整），再用青毛竹（竹黄）依照圆孔直径大小制成圆棒榫。圆棒榫很讲究气干密度，气干密度在 0.85 g/cm³ 以上的材料，必须做成圆形；气干密度低于 0.85 g/cm³ 的材料既可做成圆形，也可做成多边形。硬木与硬木用圆形圆棒榫连接，圆棒榫与卯孔紧密接合，其结构就比较理想。如用松木这样气干密度较低的材料做家具，可用青毛竹（竹黄）做榫。榫做成三角形形状，大于卯孔尺寸，组装时越装越牢固。因为三角形圆棒榫就像三把刀一样深入卯孔内。工件之间靠三角形毛竹圆棒榫和卯孔的摩擦力紧扣，不会松动。圆形圆棒榫的摩擦力要小于三角形圆棒榫的摩擦力。还有一点是，做圆形的圆棒榫费工费时，做三角形圆棒榫则相应地省人工。

圆棒榫

圆棒榫与二簇云纹组装件

上侧面

中横档和二簇云纹榫卯结构

鱼尾扣榫

这种榫因榫头如鱼尾状结构，故名鱼尾扣榫，常用于小料组合、双面大割角工件，摩擦力大，结构紧密。

侧面

围栏竖半贵方横档和竖档榫卯结构

鱼尾扣榫（围栏贵方、半贵方横档和竖档榫卯结构）

大割角工艺在木作家具中比较常见，但想做好不容易，因为三个面的割角、割肩直接到榫，不同于夹子肩割角工艺。目前已知的几种割角结构工艺：第一种是贯榫，优点是易加工，缺点则是侧面榫出头不够美观；第二种是龙凤榫，优点是结构好，缺点则是费工费时；第三种是虎牙榫，优点同样是结构好，缺点则是更费工费时。聪明的南通工匠先辈在上述工艺基础上又创造出鱼尾扣榫大割角工艺。

几何尺寸控制好的鱼尾扣榫，组装时只需轻轻一拍，就和卯孔扣住了，又美观又科学。从这张使用了近300年的挑檐架子床的围栏看，因为鱼尾扣榫扣夹面产生的榫卯结构摩擦力，工件一个都没有脱落。

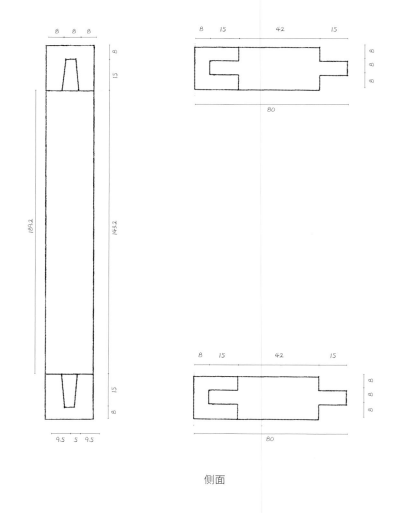

侧面

手绘围栏竖半贵方横档和竖档榫卯结构

满口吞夹子榫

工件榫头嵌入夹子状的卯孔，如同物体被吞入生物的口中，故名满口吞夹子榫。

满口吞夹子榫是在左右侧箍山的前端、外框竖档旁的上下横档两侧分别凿出长方形凹槽而形成的榫。凹槽的长度即前角柱的厚度。当上下横档榫头嵌入前角柱上端的夹子时，榫头两边的凹槽（即榫肩）就将角柱夹子夹住。侧箍山后端的走马销榫与后角柱柱头卯孔接合，使前后角柱得以固定。四面顶箍山的组装使床上部件形成一个整体，床体上部的架子结构才能稳固。

侧箍山和前角柱满口吞夹子榫卯结构

满口吞夹子榫 ① （左侧箍山和前左角柱榫卯结构）

满口吞夹子榫和夹头榫一样，都来源于古代建筑结构。夹头榫是明清桌案中常用的榫卯种类。腿足上端的夹子夹住牙头和牙条，上端榫头与桌案接合后起支撑作用。通作家具将夹子榫作为挑

檐架子床部件，按前角柱厚度来定榫长度。此榫种采用双面平肩，中心为榫。

夹头榫和满口吞夹子榫都有夹子，但其结构和作用区别较大。明清家具桌案的夹子所夹的牙

内立面

正立面

左侧箍山和前左角柱榫卯结构

条主要起装饰作用。通作挑檐架子床的夹子则对侧箍山起支撑作用。角柱上端夹子从左右两边夹住侧箍山榫，而箍山榫前后榫肩又夹住了角柱夹

子。这种巧妙的结构是桌案夹头榫结构所没有的。明清家具桌案的夹头榫在榫卯功能上有所变化，而通作家具满口吞夹子榫在榫卯结构上有所创新。

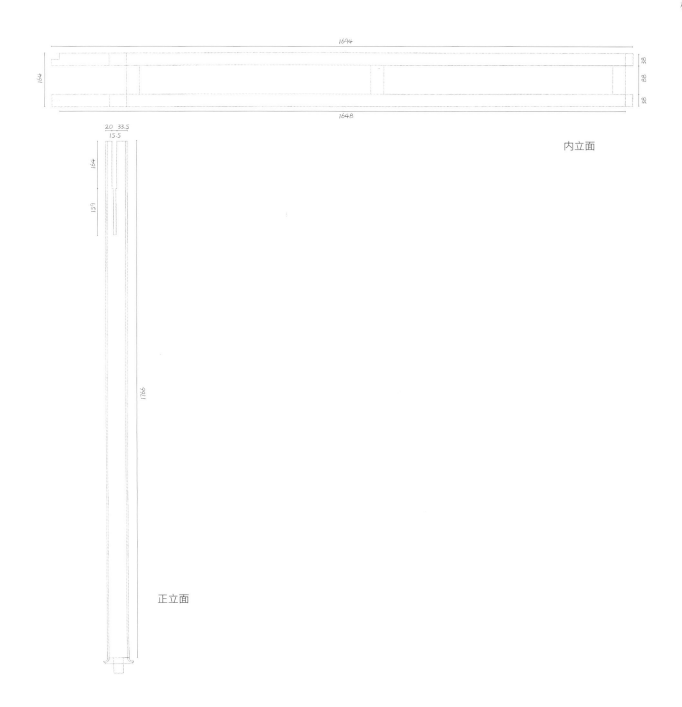

内立面

正立面

手绘左侧箍山和前左角柱榫卯结构

满口吞夹子榫 ② （右侧箍山和前右角柱榫卯结构）

这张架子床左右侧箍山前端上下横档满口吞夹子榫，榫肩呈90°，肩宽为 8 mm，双面平肩把前角柱端头夹子牢牢夹住。上下横档满口吞夹子榫相同。箍山上下横档高 164 mm，形成距离，产生上下的拉力。箍山后端头走马销榫与后角柱接合。前角柱上端头为夹子状，外侧夹子厚度为 20 mm，内侧夹子厚度为 33 mm，中间卯孔宽度为 15 mm（实测为 15.5 mm，因为近 300 年来，这张床不知被拆卸了多少次），卯孔深度为 164 mm(也是侧箍山的高度)，设计比较合理。

内立面

正立面

右侧箍山和前右角柱榫卯结构

卯孔偏外侧面，卯孔向里留 35.5 mm（正好够做前箍山走马销榫卯）。榫反立面 8 mm 做平肩，15 mm 榫在 31 mm 宽的箍山上下横档正中位置。因为榫在主料正中，传递的力比较平衡。在试组装时（因为床要拆卸），榫卯结构要吻合，不紧不松最好。由于其工艺很难掌握，一般试组装都是由大师工匠亲自动手。床结实不结实，有没有响声，就看夹子榫卯和走马销榫卯的结构是否精密。

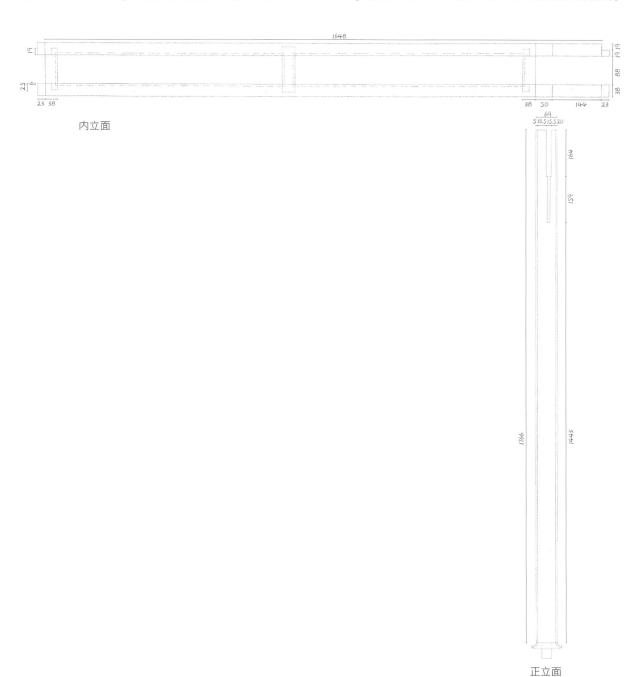

内立面

正立面

手绘右侧箍山和前右角柱榫卯结构

一席绮梦 —— 一张通作楠木挑檐架子床的解读
YIXI QIMENG YIZHANG TONGZUO NANMU TIAOYAN JIAZICHUANG DE JIEDU

第二章
造型艺术

腿足

　　明清家具是中国传统家具的杰出典范和代表，最具有科学性、艺术性和实用性。因此，床腿足的造型和雕饰方法比较多，如三弯腿、鼓腿膨牙、方直腿、圆直腿、马蹄足、内翻马蹄足、圆腿足、老虎足等。

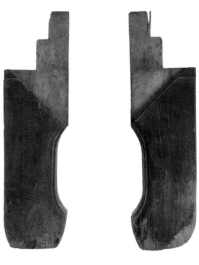

正立面

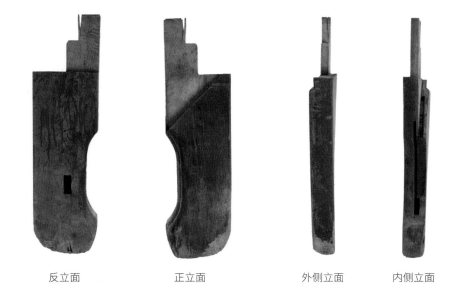

反立面　　　　　　正立面　　　　　外侧立面　　　内侧立面

前左右腿足立面造型

内翻马蹄前腿足

前腿足采用内翻马蹄造型。内侧的圆弧线决定了腿足的造型。腿内侧上下呈圆弧形，中间一小段为直线（不可全做成圆弧状），腿足外侧下角与内圆线对应，顺势也做成圆弧状。

前腿足规格为高 572 mm、宽 148 mm、厚 50 mm。木工划线要作合[1]，然后在腿足胚料的上部，分别划出床帮高度（榫长）、牙条宽度。卯孔向下采用内翻马蹄造型。

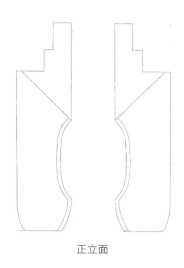

正立面

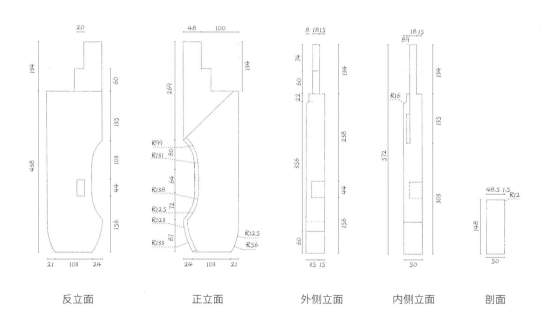

反立面　　　　正立面　　　　外侧立面　　　　内侧立面　　　　剖面

手绘前左右腿足立面造型解析

---

[1] 南通匠师俗语。坯料成形后，每根坯料都要按正面、反面标上记号。划线时，要运用立体几何造型来计算榫卯尺寸，先划卯孔，后计算榫的尺寸。把坯料按正面对正面、反面对反面对称排放，叫作合。

正立面

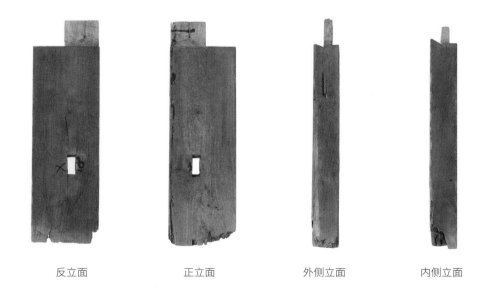

反立面　　　　　正立面　　　　　外侧立面　　　　　内侧立面

后左右腿足立面造型

方直后腿足

古人很讲究门面造型艺术，因而床前后立面造型有区别。前腿足采用内翻马蹄造型，后腿足与前腿足规格相同，但采用方直腿造型；床前立面用了牙条，后立面则不用。虽然后腿足为方直腿，但木工划线时也要作合。

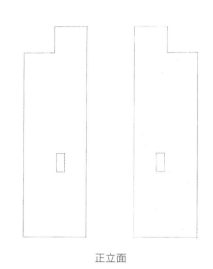

正立面

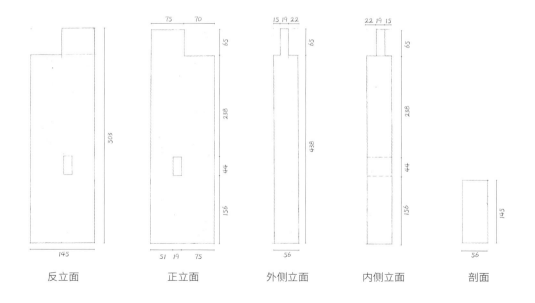

反立面　　　正立面　　　外侧立面　　　内侧立面　　　剖面

手绘后左右腿足立面造型解析

反立面

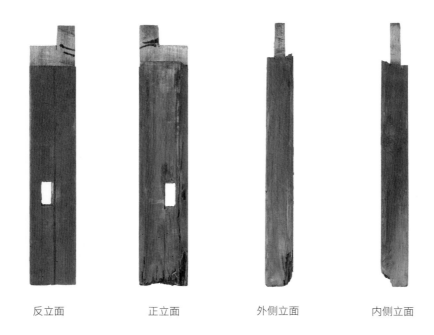

反立面　　　　　正立面　　　　　外侧立面　　　　　内侧立面

中左右腿足立面造型

方直中腿足

在明清家具中可以发现，黄花梨顶箱柜、黄花梨书架只在看得见的前立面和两侧用黄花梨，后背板、隔板等全部用其他材料，如楠木、杉木等。这说明古人制作珍贵家具时，在隐蔽之处和公开之处用料有所区别。我们拆解的这张楠木挑檐架子床也

是这样，其前床帮、门面、立柱和围栏使用楠木，后腿足、中腿足、后床帮、中横档、床楞和顶板则均使用杉木。这张床的用材及工艺水平都是比较高的。该床应为比较讲究的文人订制的产品。

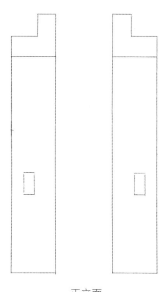

正立面

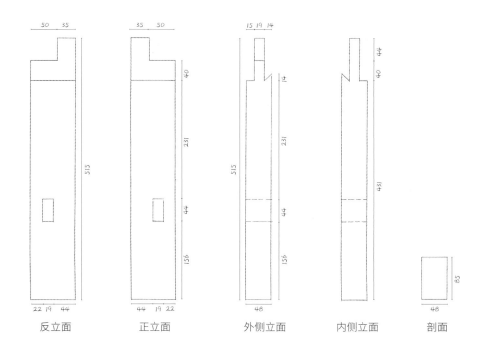

| 反立面 | 正立面 | 外侧立面 | 内侧立面 | 剖面 |

手绘中左右腿足立面造型解析

床帮与中横档

前床帮

前床帮下方加了一道文武线，为床帮增添了美感，其他面则采用方直线。这个类型的床帮造型都比较单一，不像藤面架子床的前立面那样，线条丰富，有冰盘沿、指甲圆线、洼线、碗底线等。

大凡床帮、床楞受力并用铺板作为睡面的架子床，其床帮造型都比较简单。

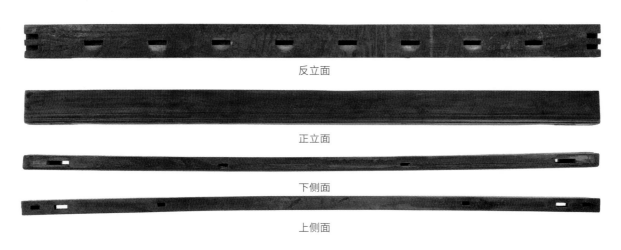

反立面

正立面

下侧面

上侧面

前床帮造型

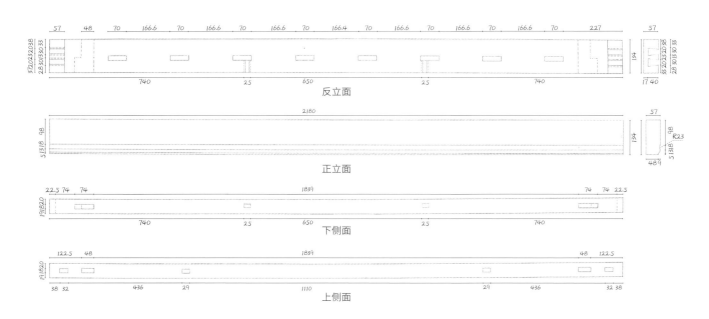

手绘前床帮造型解析

后床帮

后床帮四个面都采用直线，无任何修饰。四面见线的工件材料选取标准比有造型的工件选取标准高。四个面直角不能有任何缺陷，否则会暴露无遗。

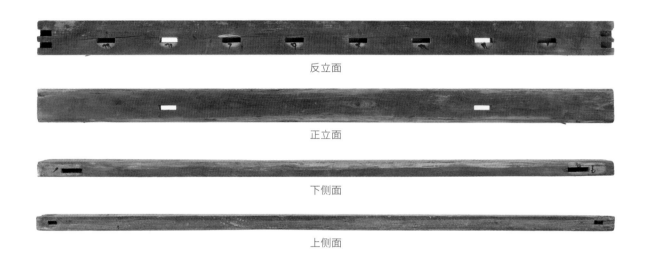

反立面

正立面

下侧面

上侧面

后床帮造型

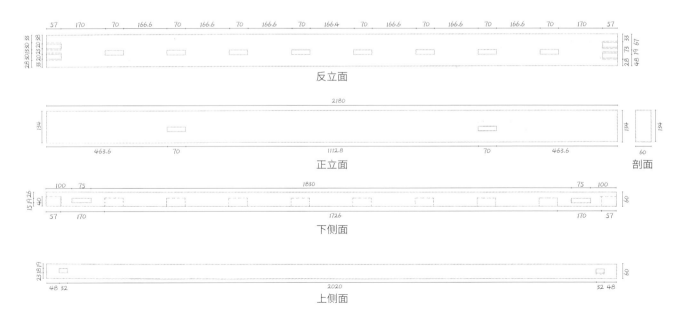

| 57 | 170 | 70 | 166.6 | 70 | 166.6 | 70 | 166.6 | 70 | 166.4 | 70 | 166.6 | 70 | 166.6 | 70 | 166.6 | 70 | 170 | 57 |

反立面

2180

正立面

463.6　　70　　　1112.8　　70　　463.6

60

剖面

100　75　　　　1830　　　　75　100

57　170　　　1726　　　170　57

下侧面

23 18 19

48 32　　　　2020　　　　32 48

上侧面

手绘后床帮造型解析

中横档

这张组合床由两个分体床合并而成。前床的后床帮和后床的前床帮都设计成与床楞等高的横档。两根中横档与前后床帮分别以床楞连接，使组合床成为一个平整的大床面。如果中横档和前后床帮规格一样，不仅浪费材料，还使中间的床帮成为隔板而无法形成统一床面，这就失去了做组合床的意义。只有降低中横档的高度，减少中横档断面用料，分体床组合后才能形成平整的床面，也就达到了设计的要求。中横档也是四面见线，都采用直线条。

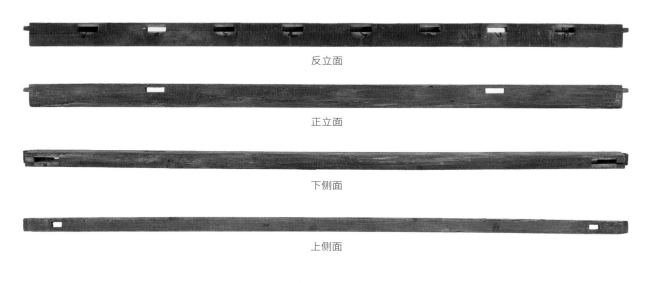

反立面

正立面

下侧面

上侧面

中横档造型

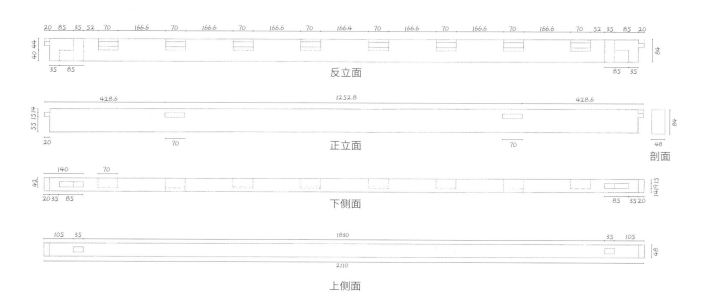

手绘中横档造型解析

牙条

这张床的牙条为典型的清乾隆时期桥梁档造型。做硬木家具对工具铁刃口要求较高。在明嘉靖年间发明的苏式炼钢法，使铁刃口工具制造质量有了很大提高，从此，高档的硬木家具才陆续出现。中国明清家具最辉煌的时期应为明嘉靖到清雍正时期，是传统家具的黄金时代。到了清乾隆时期，中国传统家具发展出现了转折点。乾隆以前，牙条基本为直牙条，不做成桥梁式，但腿足圆弧角照做；乾隆以后，牙条为桥梁式（利用腿足圆弧角中间去掉一部分的方法，把床前面的牙条做成桥梁式）。这也是个装饰符号，体现了一个时代的艺术风格。

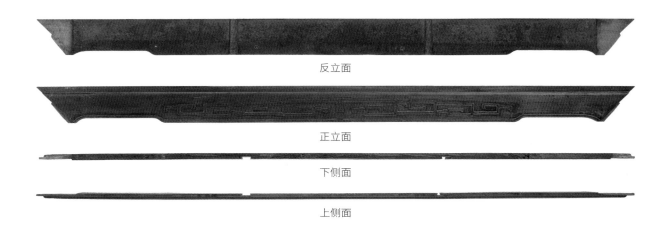

牙条造型

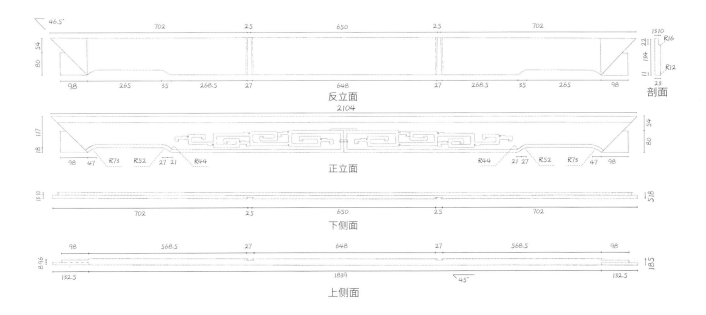

手绘牙条造型解析

床楞

床楞是连接前后床帮和受力的主要部件。组合床由两张床合并而成。相邻的床帮虽然设计成与床楞等高的横档，但其受力功能与前后床帮是相同的。

半榫床楞

该床楞反面为半圆形，选用圆形杉木对开。木材最大的受力面是圆材的外表面。圆材和方材相比，圆材受力面大，就像扁担一样，受力面在整个圆面。方形床楞，其受力面只在下面一个平面上，而半圆形床楞除上平面外，其他三个面都受力。同房屋木椽子一样，一般椽子也是选圆形杉木对开，平面向上，圆形面向下。房屋上除了一些特别部位外，很少用方形木椽。

此床的承重力大，不仅是因为床楞选用了圆形杉木对开料，还是因为组合的两张床，每张床（宽790 mm）都分别组装了床楞。组合床（宽1570 mm）同一般单体床宽度差不多，但该床是由前后两张床组合而成的，故床楞只有一般单体床床楞长度的一半。显然，相同质地、相同规格的木料，短木料可以承受的力更大。

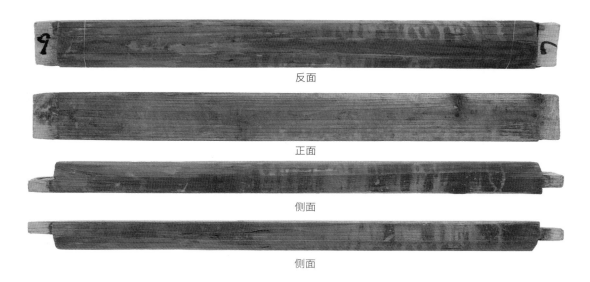

反面

正面

侧面

侧面

半榫床楞造型

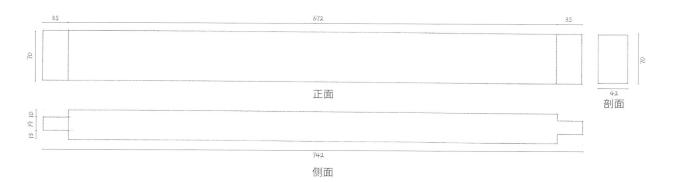

正面

剖面

侧面

手绘半榫床楞造型解析

贯榫床楞

贯榫床楞是指床两头的第二支床楞。床楞与前床帮、中横档紧密结合，使床面形成一个统一的整体。八支床楞中有六支做成半榫，还有两支有四个贯榫（中横档上两个卯孔为贯榫卯孔；前床帮两个卯孔为半榫卯孔，但因采取特殊的方法，其结构效果与贯榫相同）。贯榫（以及两个半榫）结构靠榫头用木楔来加固，从而将木楔向下的力量转化成对榫头水平的力量，增强榫卯的摩擦力。

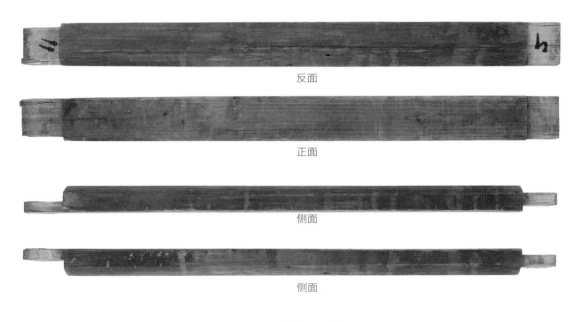

反面

正面

侧面

侧面

贯榫床楞造型

60	672	48

70

正面

70

42

剖面

13 19 10

42

780

侧面

手绘贯榫床楞造型解析

下拉档

床前后腿足往往用下拉档来连接，以保证床腿足的稳定。

侧前下拉档

组合床中连接前腿足和中腿足的下拉档称为侧前下拉档。该下拉档采用四面见线的方直线。

明清时期的家具，一般在人看不到的地方基本不做造型设计，所以在保证榫卯结构合理的情况下，一般采用方直线造型。

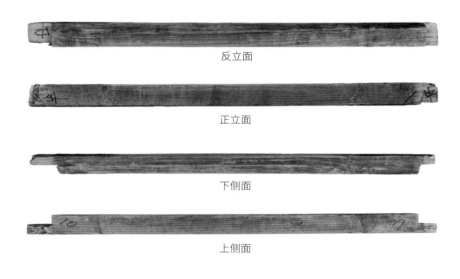

反立面

正立面

下侧面

上侧面

侧前下拉档造型

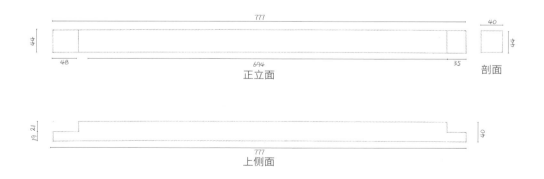

正立面

剖面

上侧面

手绘侧前下拉档造型解析

侧后下拉档

组合床中连接中腿足和后腿足的下拉档称为侧后下拉档。同侧前下拉档造型一样，侧后下拉档采用方直线造型。

直线造型部件选材比其他线条造型部件选材要求高，因为直线造型材料不能有缺陷，要方整，每个面转角呈 90°，花纹要美观。

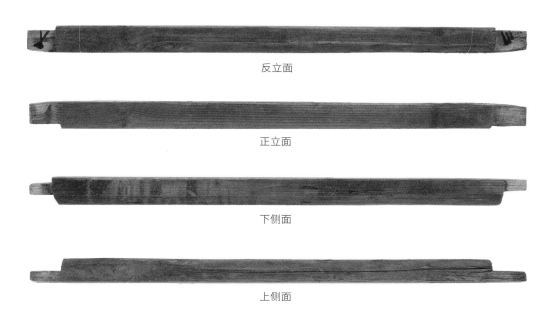

反立面

正立面

下侧面

上侧面

侧后下拉档造型

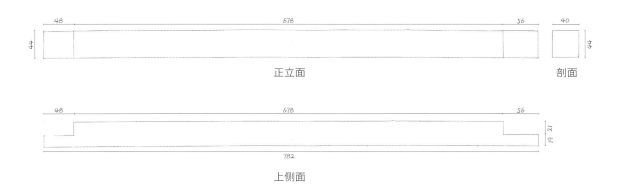

正立面

剖面

上侧面

手绘侧后下拉档造型解析

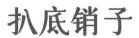

扒底销子

扒底销子为长条形，上窄下宽，断面呈梯形。

牙条和床帮组合，是由扒底销子通过牙条反立面的卯槽，从下而上插向床帮的扒底销子卯孔实现的。从下向上受力，越向上力越大。此造型也符合榫卯结构力学原理。

前床帮厚 57 mm，牙条厚 23 mm。前床帮与牙条组合后，在正立面齐平的情况下，床帮反面必然凸出于牙条。木匠利用这种高低差，在牙条反面做卯槽，在床帮侧面做销子孔，巧妙地将扒底销子榫藏于床帮和牙条的背面。这样既不影响正面的美观，又加强了床体的结构牢度。

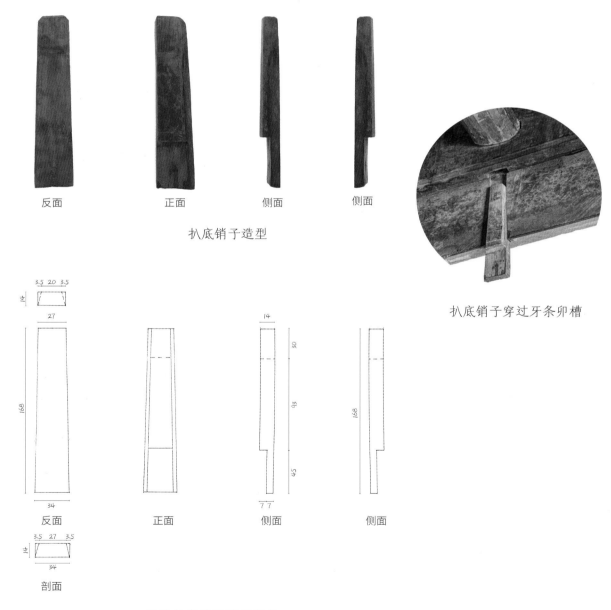

反面　　正面　　侧面　　侧面

扒底销子造型

扒底销子穿过牙条卯槽

反面　　正面　　侧面　　侧面

剖面

手绘扒底销子造型解析

下侧箍山

下侧箍山和前后床帮一样，采用四面见线的直线条造型。

下箍山两端为燕尾榫，箍山反面的中间为卯。组装时下箍山两端与前后床帮两头的燕尾榫接合，中间卯孔和中横档的半榫相接。组装后下箍山外

立面为平面，反立面和前后床帮一样，成为床两头固定铺板及棉絮、睡席的档板。

反立面

正立面

下侧面

上侧面

下箍山造型

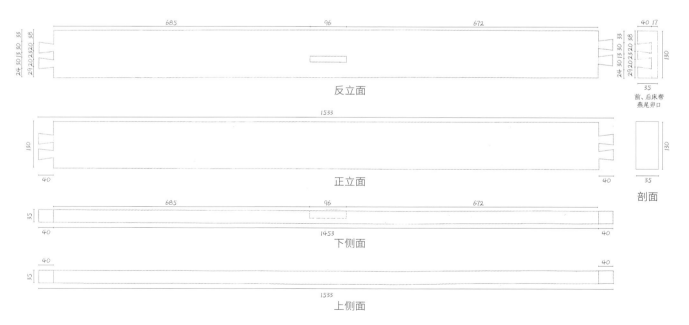

反立面

前、后床帮燕尾卯口

正立面

剖面

下侧面

上侧面

手绘下箍山造型解析

笔者在拆解挑檐架子床前立面部件时发现，牙条下面出现前下拉档和档板。从明晚期到清末，挑檐架子床结构在发展中有明显变化。从明晚期到清中期，挑檐床前面没有下拉档及档板，也无踏板配置，前左右内翻马蹄洼线一直到腿足底，云纹框采用通体做法。清中期以后，前围栏不再做通体工艺，而做成和侧围栏一样的高度。从清中期到清末，床坐面用下拉档和档板，并配置踏板，马蹄腿足洼线不到腿足底。这种床前用下拉档和前档板的方式，一直沿用到二十世纪七十年代。

挑檐架子床立面的配料、做工均相当讲究。前立面用一种材料，不会配以其他材质的木料。此床的前档板却用榉木，下拉档用杉木，这说明该床前档板和下拉档是后添加上去的。

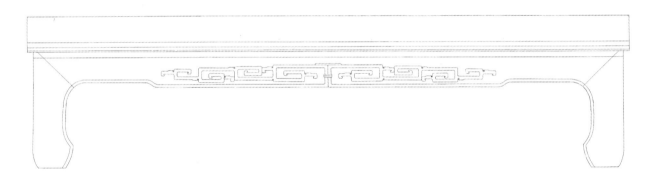

手绘牙条、前左右腿足和床帮组装后的前立面造型

手绘后左右腿足和床帮组装后的后立面造型

南通地区遗存的明清家具中有大量的金丝楠木家具。地处江北的南通，为什么有如此多的楠木家具呢？

南通城李姓老人说，他们家祖上几代人都是开木行的，在南通有一定的知名度。他听祖上说："南通城本无楠木，是乡下人在长江的江滩上拾到后送到木行来的。"他们祖上从来没见过这种木材，所以不懂这种木材的名称。南通城里蒙古族人的后裔到木行来定做家具，看到这种木材说："这是金丝楠木，只有皇帝才可以用，老百姓是不能用的，如果使用是要杀头的。"

那时京城大兴土木。运输者把砍好的楠木扎成木排，沿长江漂流而下，然后到扬州，再沿京杭大运河北上送到北京。东南沿海地带每年夏秋两季有台风。台风过境时长江上风大浪高。经过

长途漂流的木排，再经风浪冲击后会出现散排。被冲散的楠木就漂流到长江江滩。

南通位于长江入海口的北岸。长江从西向东入海。由于地球的自转力，长江主泓向南摆动，靠近北岸水流比较平缓，江中泥沙就主要沉淀在江北。散落江中漂流的木材，一般会被冲到长江入海口北岸的南通。

散落长江滩上的木材是南通楠木的来源之一，但并不是南通楠木的主要来源。二十世纪五十年代，南通、扬州曾发现数具明嘉靖至万历年间的未腐尸体棺木。这些棺木大多是用楠木等上等木材制作的。南通有的寺庙主要建筑用材也是楠木。南通有使用楠木的习惯。寺庙和官宦人家所用楠木应是在市场上购买的。

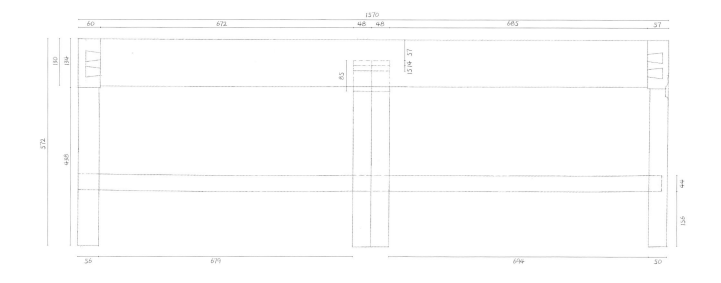

手绘床侧立面造型解析

　　组合床前后床帮两端通过下箍山燕尾榫及半榫卯结构组装成一个完整的床面。如床体以上的架子不装，床照样可以使用。床坐面以上的各个部件都可以拆卸，这是从中国古建筑结构上吸取的元素和制作方法。

组合床立面造型

组合前床的后床帮和组合后床的前床帮设计成横档形式，同样能发挥承重功能。中横档与床楞在一个平面上并和床前后床帮形成的落差，正好用于安放铺板。夏天放凉席，冬天放棉絮就可以休息。

组合床侧面造型

围栏

围栏是架子床或其他类别床中结构比较复杂、榫卯运用得比较多的部件。其工艺不同于床坐面，它由若干长短不等、大小不一的材料，通过十字榫、半榫、贯榫、鱼尾扣榫等结构组装而成，再留出部分榫头为活榫（也叫出头榫）作连接和固定之用。

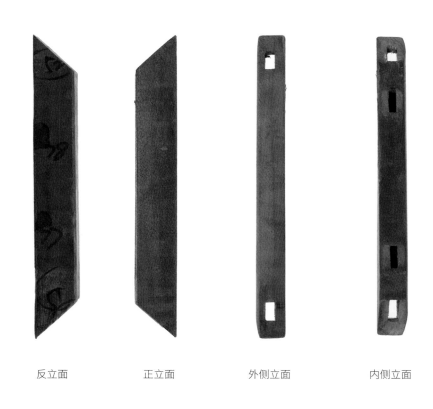

反立面   正立面   外侧立面   内侧立面

围栏外框竖档造型

围栏外框竖档

围栏外框竖档正立面采用指甲圆线造型工艺。侧围栏外框竖档规格为高 328 mm、宽 37 mm、厚 30 mm，后围栏外框竖档规格为高 338 mm、宽 42 mm、厚 30 mm。侧围栏外框高度比后围栏的少 10 mm，而内框高度一样。侧围栏的竖半贵方、横半贵方、贵方竖档均与后围栏的一样，划线时一起划好。而侧围栏的贵方宽度和后围栏的不一样，划线时要有所区分。木工划线时应把侧围栏和后围栏部件分开堆放，并且要作合。

围栏外框横竖档一般采用指甲圆线、洼圆线、方形直线三种造型。方形直线工艺出现年份比较早，指甲圆线、洼圆线出现稍迟并一直沿用至今。

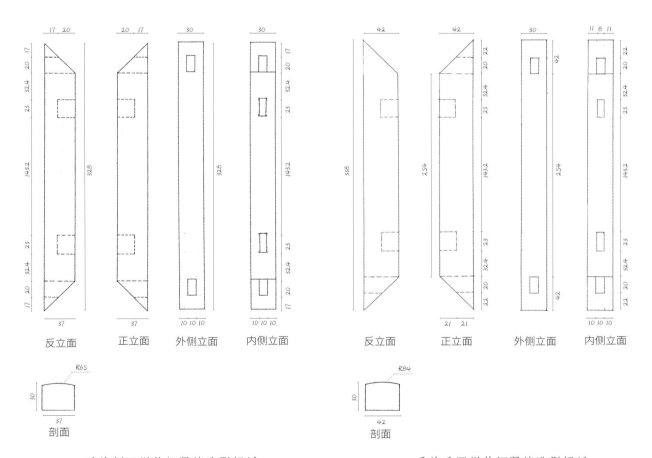

反立面　　正立面　　外侧立面　　内侧立面　　　　　　反立面　　正立面　　外侧立面　　内侧立面

剖面　　　　　　　　　　　　　　　　　剖面

手绘侧围栏外框竖档造型解析　　　　　　手绘后围栏外框竖档造型解析

围栏外框横档

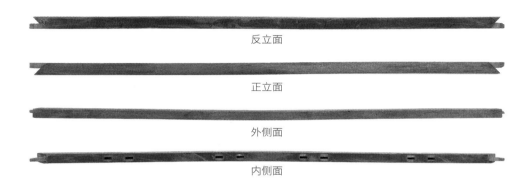

反立面

正立面

外侧面

内侧面

侧围栏外框横档造型

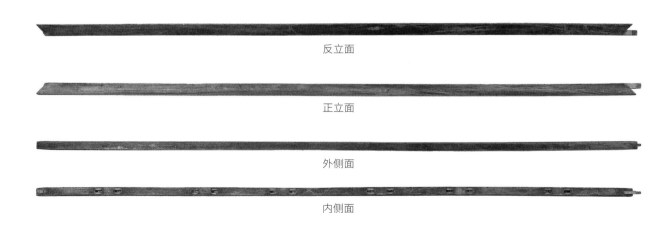

反立面

正立面

外侧面

内侧面

后围栏外框横档造型

侧围栏上下横档规格为长1500 mm、宽37 mm、厚30 mm，后围栏的规格为长2055 mm、宽42 mm、厚30 mm。上下横档、竖档正面分别采用半径为65 mm（侧围栏）和84 mm（后围栏）的指甲圆线造型。木工划线时要注意长短分开，同样要作合。较好的一根（容易看到的一根）为上横档，另一根为下横档。加工时，贯榫的榫头要加长。围栏横档和竖档组装后留出20 mm做贯榫，和床角柱卯孔连接。

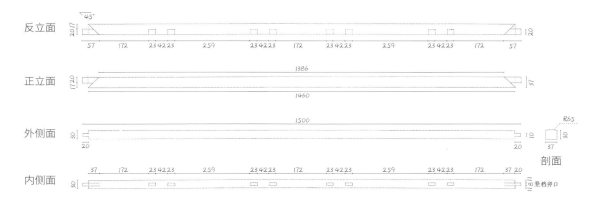

手绘侧围栏外框横档造型解析

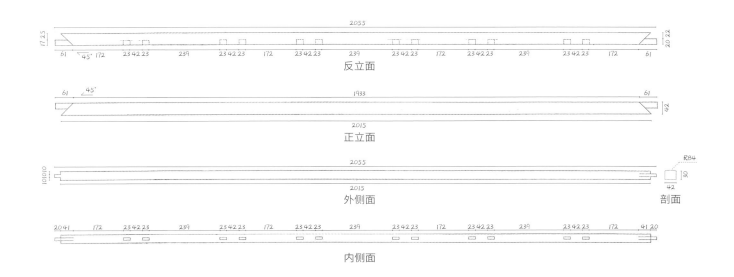

手绘后围栏外框横档造型解析

围栏竖半贵方竖档

侧围栏、后围栏竖半贵方规格同为高 189.2 mm、宽 23 mm、厚 24 mm。为方便制作，相同的部件一起加工。一般床围栏的外框和 内框不交圈，结构为落堂式，采用外大内小工艺，符合人的审美观。

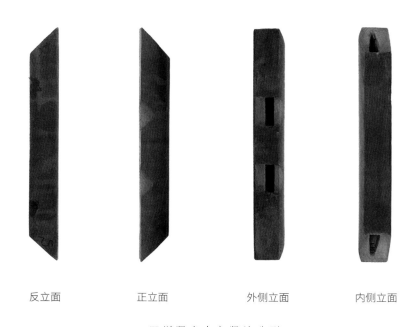

反立面　　　　　正立面　　　　　外侧立面　　　　　内侧立面

围栏竖半贵方竖档造型

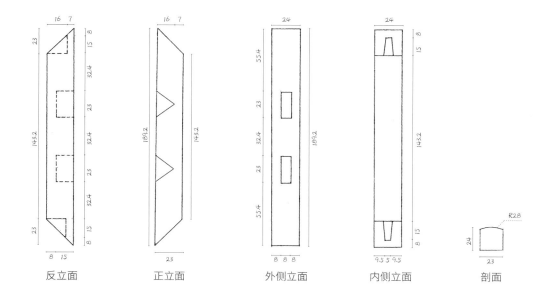

反立面　　　　　正立面　　　　　外侧立面　　　　　内侧立面　　　　　剖面

手绘围栏竖半贵方竖档造型解析

围栏竖半贵方横档

　　侧围栏、后围栏的竖半贵方横档规格一样，为长 80 mm、宽 23 mm、厚 24 mm。竖半贵方横档和竖半贵方竖档采用鱼尾扣榫 45°大割角结构连接。围栏竖半贵方横档正面采用半径为 28 mm 的指甲圆线，反面采用方直线工艺造型。料虽小，但划线要注意作合。

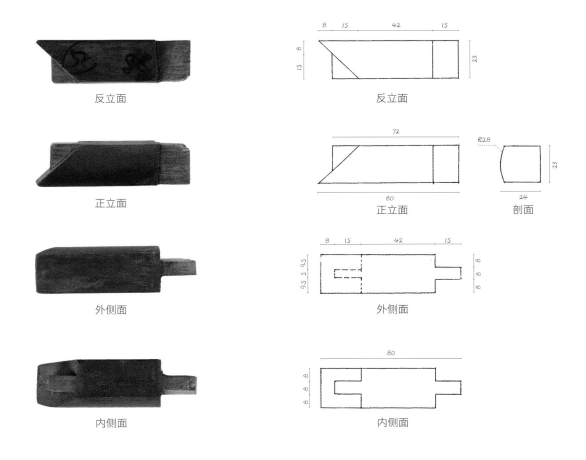

围栏竖半贵方横档造型　　　　　　手绘围栏竖半贵方横档造型解析

反立面

正立面

外侧面

内侧面

围栏横半贵方竖档

　　侧围栏和后围栏高度不同，而内框净高度是一样的，所以横半贵方竖档长度相同。后围栏横半贵方竖档规格为高127.8 mm、宽23 mm、厚24 mm。侧围栏的横半贵方竖档规格与之一样。围栏横半贵方竖档正面采用半径为28 mm的指甲圆线造型，划线同样要作合。

反立面　　　　正立面　　　　外侧立面　　　　内侧立面

围栏横半贵方竖档造型

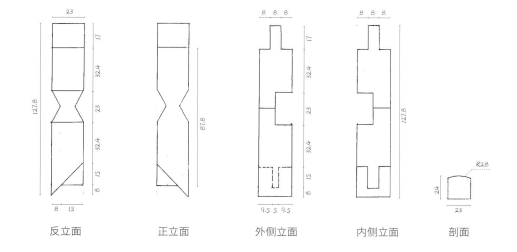

反立面　　　　正立面　　　　外侧立面　　　　内侧立面　　　　剖面

手绘围栏横半贵方竖档造型解析

围栏横半贵方横档

后围栏横半贵方横档规格为长 285 mm、宽 23 mm、厚 24 mm，侧围栏横半贵方横档规格为长 305 mm、宽 23 mm、厚 24 mm，二者在视觉上变化不大。整个围栏设计比较科学合理。横半贵方横档和横半贵方竖档采用榫卯结构连接后十字榫再和贵方连接。横半贵方横档和小竖档采用半榫结构连接，再和另一半的横半贵方紧密相连。横半

贵方竖档和上下横档连接均用半榫、90°平肩榫卯结构。横半贵方竖档和横半贵方横档采用鱼尾扣榫卯、45°大割角结构连接。横半贵方竖档和贵方横档采用十字榫卯结构连接。十字榫反面采用平肩，正面采用 30°割角工艺，在视觉上有美感。在工艺上必须割角，指甲圆线才好交圈。

反立面

正立面

外侧面

内侧面

围栏横半贵方横档造型

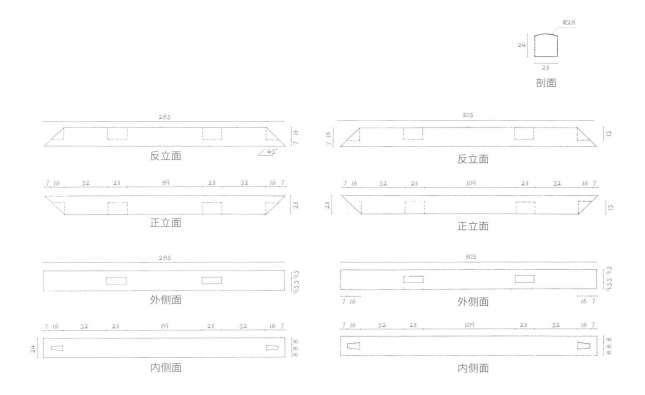

手绘后围栏横半贵方横档造型解析　　　　　手绘侧围栏横半贵方横档造型解析

围栏贵方竖档

　　贵方竖档和竖半贵方竖档在围栏上是并排摆放的。围栏贵方竖档规格为高 189.2 mm、宽 23 mm、厚 24 mm。为追求极致工艺，在侧围栏和后围栏横竖档及贵方设计上，竖档的排放及高度是一样的。围栏划线要注意，侧围栏和后围栏的材料分开堆放（否则无法正确组装），且要注意作合。

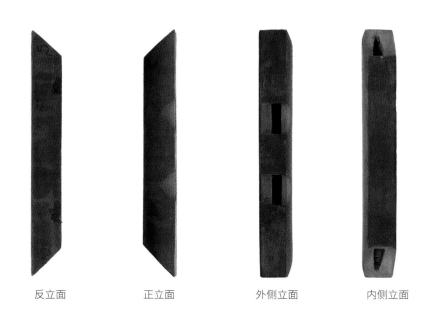

| 反立面 | 正立面 | 外侧立面 | 内侧立面 |

围栏贵方竖档造型

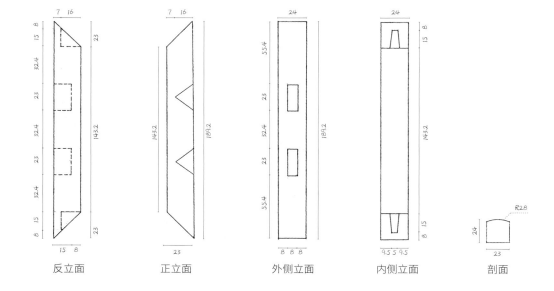

| 反立面 | 正立面 | 外侧立面 | 内侧立面 | 剖面 |

手绘围栏贵方竖档造型解析

围栏贵方横档

　　侧围栏和后围栏长度不同。侧围栏由两组贵方组成，而后围栏由三组贵方组成。侧围栏贵方横档和后围栏贵方横档长度也不同。侧围栏贵方横档规格为长565 mm、宽23 mm、厚24 mm，后围栏贵方横档规格为长545 mm、宽23 mm、厚24 mm。围栏贵方横档正面采用半

径为28 mm的指甲圆线。半贵方十字榫竖档的反面、侧面去掉一半，贵方横档的正面、侧面去掉一半，二者用十字榫相接合。贵方横档和竖档为鱼尾扣榫结构，贵方和小横档为半榫卯结构。整个围栏连接天衣无缝。划线同样采用作合做法。

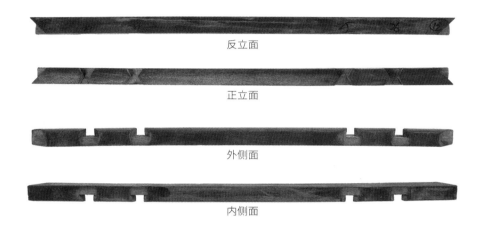

反立面

正立面

外侧面

内侧面

侧围栏贵方横档造型

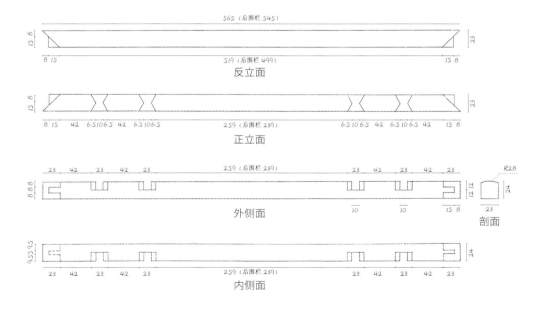

手绘侧围栏贵方横档造型解析

围栏小竖档

　　小竖档和上下横半贵方采用榫帮肩结构。围栏内净高度一样。小竖档长度同为高 62.4 mm、宽 23 mm、厚 24 mm。从取材、刨料、划线、做榫卯到割肩，正面人字帮肩工艺，在家具榫卯结构，特别是帮肩工艺中，技术要求较高。在 300 多年前，乃至更早的年代，全靠木匠的一双巧手来完成这项高难度的工艺。此项 45° 人字帮肩工艺和其他 45° 人字肩完全不同。通俗地讲，此工艺为帮肩，其他则为 45° 送肩。就是现代高科技木工机械也难以完成此项帮肩工艺。此帮肩工艺在数控加工时容易缺边，一旦缺边，就没有别的办法来修补。

反立面　　　　　正立面　　　　　侧立面　　　　　侧立面

围栏小竖档造型

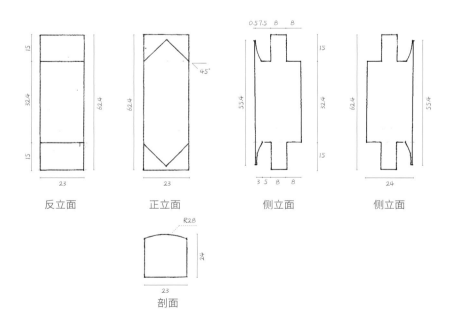

反立面　　　　　正立面　　　　　侧立面　　　　　侧立面

剖面

手绘围栏小竖档造型解析

围栏小横档

　　小横档规格为长 72mm、宽 23 mm、厚 24 mm，大小略同于小竖档，侧、后围栏内净高度一样，宽度变化较大。为了在整体视觉上保持一样，小横档使用同一个尺寸，而贵方尺寸略有

变化。小横档和小竖档的加工工艺相同，在工艺结构中起到了连接作用，而小竖档还起到支撑的作用。

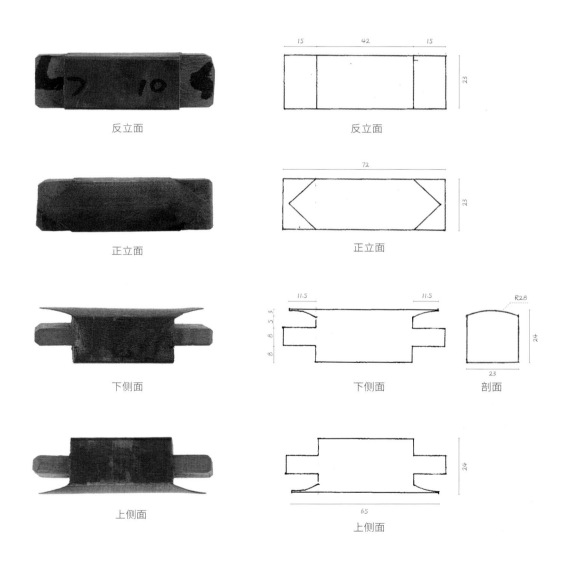

反立面　　　　　　　　反立面

正立面　　　　　　　　正立面

下侧面　　　　　　　　下侧面　　　剖面

上侧面　　　　　　　　上侧面

围栏小横档造型　　　　手绘围栏小横档造型解析

围栏中竖档

围栏中竖档工艺结构与贵方横档的相同，十字榫反面、侧面去掉一半。正面割角 30°，人字肩夹在正立面。围栏中竖档在整体造型上同于外框竖档，而在结构上以十字榫连接贵方横档，平行于横半贵方和贵方竖档。上下横半贵方通过中竖档十字榫连接为一个整体，在立面上给人结构牢固的感觉。

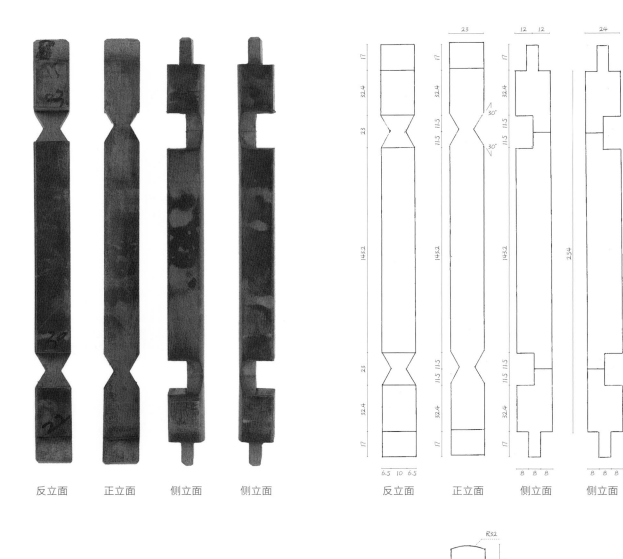

反立面　　正立面　　侧立面　　侧立面

围栏中竖档造型

反立面　　正立面　　侧立面　　侧立面

剖面

手绘围栏中竖档造型解析

侧围栏

反立面

正立面

侧围栏造型

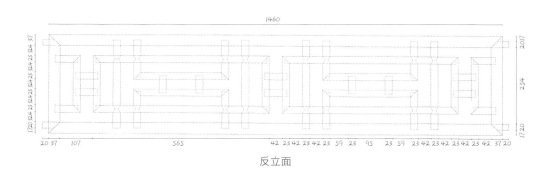

反立面

手绘侧围栏榫卯组装示意图

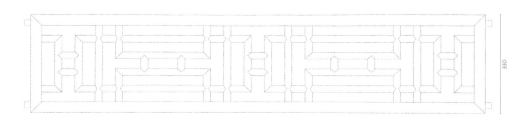

手绘侧围栏立面造型

围栏贵方的攒接工艺在家具纹饰结构中出现得不多。其榫卯结构工艺复杂，对木工手艺要求较高。纵向节点不多，而横向节点多。侧围栏的横向有 16 个节点，而后围栏横向有 22 个节点。假设每个节点出现 10 丝误差，那么 16 个节点最终就会相差 1.6 mm，22 个节点就会相差 2.2 mm。如果出现这样的偏差，围栏是无法组装的。所以，从刨料开始，四周必须呈 90°；材料宽度应等于 23 mm，且木匠要对称划线，做到准确无误；每个节点榫卯结构组装时必须到根子线。以上三点对技术要求很高。只有做到这三点，才能保证组装不会出现偏差。

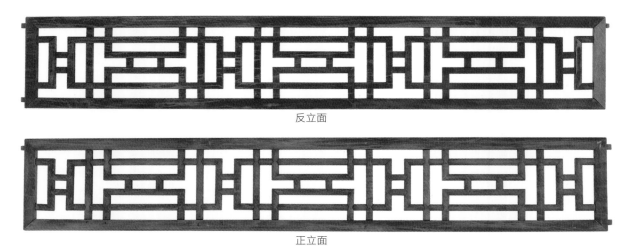

反立面

正立面

后围栏造型

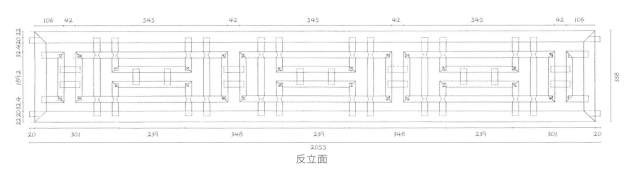

反立面

手绘后围栏榫卯组装示意图

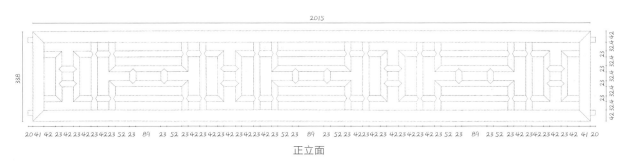

正立面

手绘后围栏立面造型解析

云纹框

云纹框外框竖档

　　一张挑檐架子床有两个云纹框，共四根外框竖档。木工划线时要作合。竖档规格为高1566 mm、宽30 mm、厚27 mm，正立面采用半径为53 mm为指甲圆线，造型工艺简单。为便于外框竖档和立柱活榫组装，木匠在每个云纹框两侧竖档的外侧中部各增加一个长30 mm、宽10 mm、深25 mm的半卯孔，然后，做成高30 mm、宽40 mm、厚10 mm嫁接榫和前床柱连接。

反立面　　正立面　　外侧立面　　内侧立面

云纹框外框竖档造型

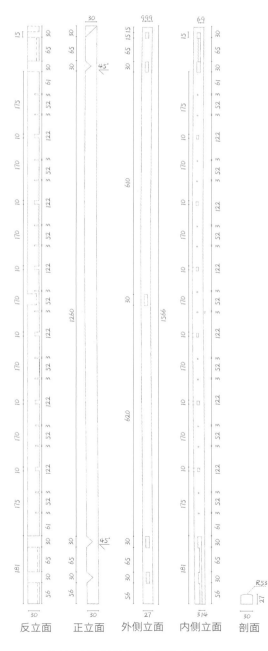

反立面　　正立面　　外侧立面　　内侧立面　　剖面

手绘云纹框外框竖档造型解析

云纹框上冒档

云纹框上冒档在造型工艺上同竖档。两个云纹框各设一根上冒档。木工划线时要作合。上冒档两端头采用45°挑皮割角。割角工艺分45°大割角工艺（指正面45°，围栏横竖档就采用这种工艺）、正面45°割角工艺和反面90°平肩工艺。木匠划线、计算尺寸时，在横档的两端头画出竖档尺寸，在根子线向外割角45°，留出5 mm做肩夹。肩夹外为10 mm榫。榫向里采用90°平肩工艺。45°割角最投机的工艺是不做肩夹，直接到榫边。其优点就是省工，缺点是榫变成三个面受力。

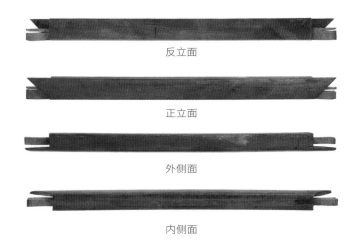

反立面

正立面

外侧面

内侧面

云纹框上冒档造型

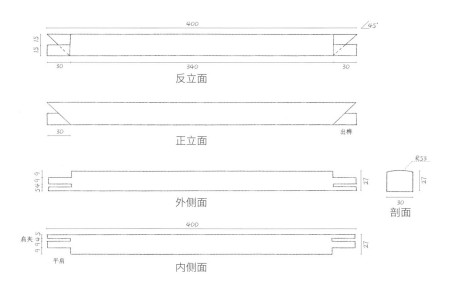

手绘云纹框上冒档造型解析

云纹框中横档

　　云纹框中横档在造型工艺上同竖档。此工件为一榫二用，采用贯榫和外框竖档的卯孔连接，留出 15 mm 贯榫做活榫，和前角柱、门柱卯孔接合。

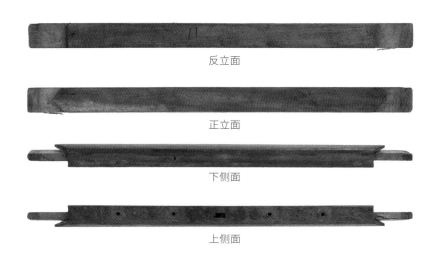

反立面

正立面

下侧面

上侧面

云纹框中横档造型

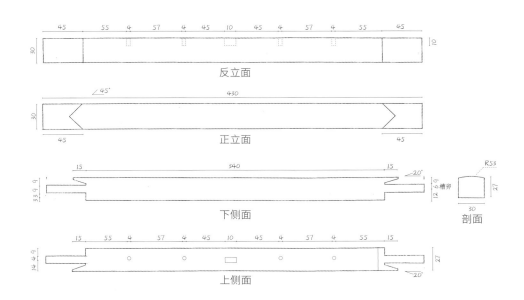

手绘云纹框中横档造型解析

云纹框下横档

　　云纹框的横档和竖档规格相同，采用半径为
53 mm 的指甲圆线，便于交圈。下横档为贯榫结构。

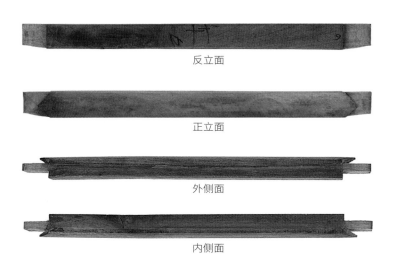

反立面

正立面

外侧面

内侧面

云纹框下横档造型

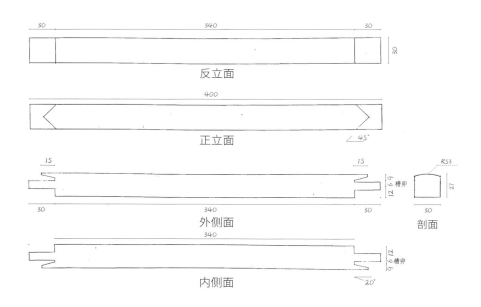

手绘云纹框下横档造型解析

云纹框十字榫竖档

　　由横档和竖档组成的云纹框外框是云纹立面所依托的框架。外框所占比例不大，但是它使云纹框内的雕刻件形成一个整体，并起固定作用。十字榫竖档正立面采用半径为 18 mm 的金鱼背

线。而二簇云纹、四簇云纹、十字榫横竖档及小子儿档为一个平面。上下花板不在一个平面上，给人的感觉是整个花板面凹凸有致，立体感较强。

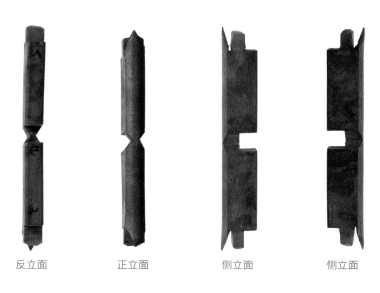

| 反立面 | 正立面 | 侧立面 | 侧立面 |

十字榫竖档造型

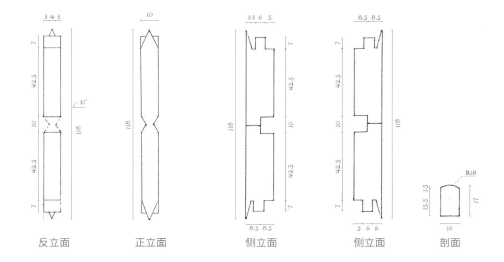

| 反立面 | 正立面 | 侧立面 | 侧立面 | 剖面 |

手绘十字榫竖档造型解析

云纹框十字榫横档

云纹框十字榫的横档和竖档一样，规格为长107 mm、宽10 mm、厚17 mm。金鱼背线半径为18 mm。金鱼背线突出较大，像金鱼的脊背一样。若宽度只有10 mm，按常规，指甲圆线的弧度很小，在立面上显不出圆弧。同样宽10 mm的金鱼背线的弧度则较大，层次更加分明。

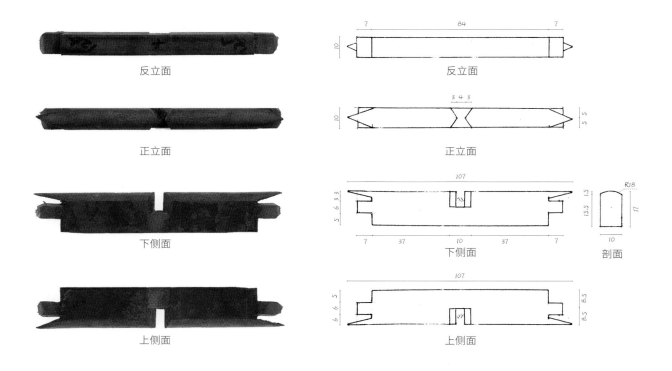

| 云纹框十字榫横档造型 | 手绘云纹框十字榫横档造型解析 |

云纹框小子儿横档

云纹框小子儿横档规格为长 59.5 mm、宽 10 mm、厚 17 mm，是比较短小的工件。小子儿横档和四簇云纹采用帮肩榫卯结构连接。该帮肩工艺要求较高，人字肩采用 68°帮肩工艺。此工艺虽然没有围栏指甲圆线帮肩难度大，但要做好不易。除几何尺寸精确外，帮肩、根子线及夹子肩要加工精确。

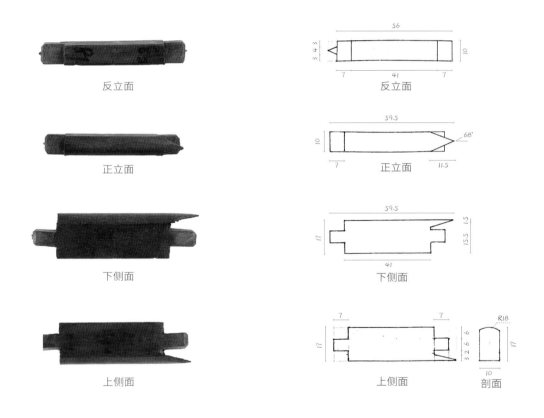

反立面

正立面

下侧面

上侧面

云纹框小子儿横档造型　　　　　　手绘云纹框小子儿横档造型解析

云纹框小子儿竖档

云纹框设计好后，要设计长度适中的小子儿横竖档也不是一件容易的事。设计方法：先确定角柱和门柱尺寸；暂定云纹框外口尺寸后，将云纹框放大样，在横竖档不好协调的情况下，再调整大尺寸（指前角柱和门柱、前床帮和前箍山的高度为大尺寸）；放好大样后定云纹框尺寸。大方案一定要协调，但零部件也要尺寸合理才能保证整体效果。

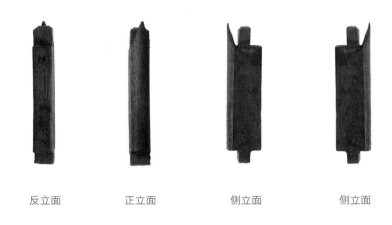

反立面　　　　正立面　　　　侧立面　　　　侧立面

云纹框小子儿竖档造型

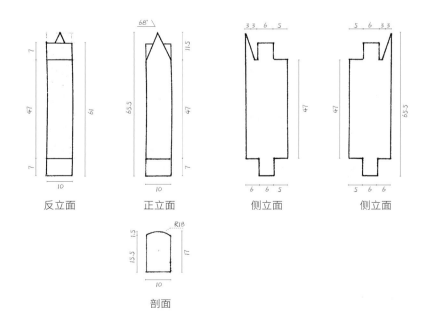

反立面　　　　正立面　　　　侧立面　　　　侧立面

剖面

手绘云纹框小子儿竖档造型解析

云纹框牙条

云纹框牙条安装在云纹框最下部。其造型设计源于椅类牙条造型，但二者又有区别。一般椅类牙条为单弯形，而该牙条为双弯形。

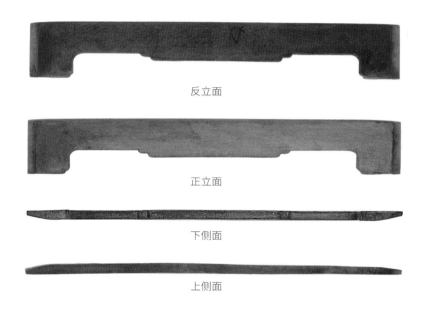

反立面

正立面

下侧面

上侧面

云纹框牙条造型

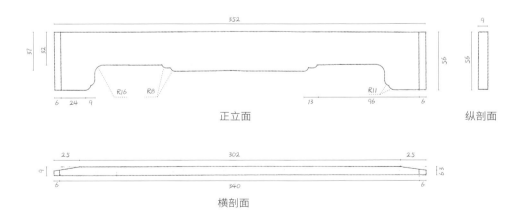

正立面

纵剖面

横剖面

手绘云纹框牙条造型解析

云纹框如意缠枝莲纹花板

花板厚 10 mm，设计合理，突出了中心纹饰。花板上下刨掉一部分（宽 14 mm、厚 4 mm），左右去掉一部分（宽 39 mm、厚 4 mm），余 6 mm 正好嵌进竖档槽卯。这使得如意缠枝莲纹突出。同时镂雕纹饰与云纹风格一致，显得工艺花板的主题明显，造型突出。

反立面

正立面

下侧面

上侧面

如意缠枝莲纹花板造型

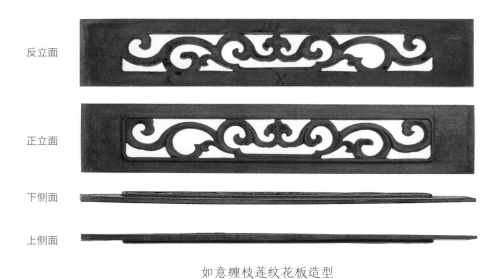

反立面

正立面

纵剖面

横剖面

手绘如意缠枝莲纹花板造型解析

云纹框鱼门洞花板

　　云纹框鱼门洞花板造型又是一个亮点。木工将设计好的图案画在木板上，划好线，镂雕出鱼门洞，再沿洞口边雕出 5 mm 平线，反面倒边，保证 6 mm 槽榫尺寸不变。

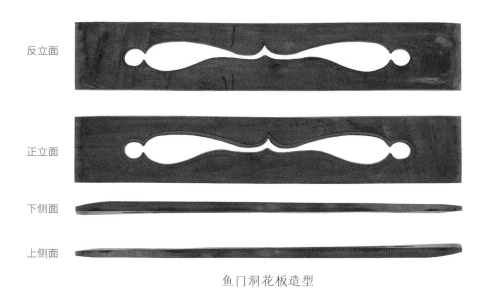

反立面

正立面

下侧面

上侧面

鱼门洞花板造型

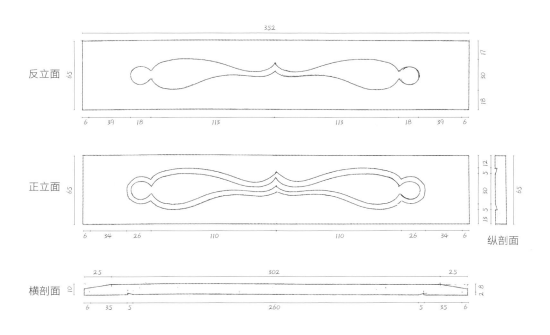

反立面

正立面

横剖面

纵剖面

手绘鱼门洞花板造型解析

二簇云纹

　　该雕刻件是由两簇云纹组成的工件，其规格为宽 94 mm、高 47 mm、厚 10 mm。正面采用半径为 18 mm 的金鱼背线。二簇云纹的接合处（同一块材料）留出 10 mm 做十字榫横档或竖档卯孔。二簇云纹正面金鱼背线和横竖档交圈。

反面

正面

侧面

侧面

二簇云纹造型

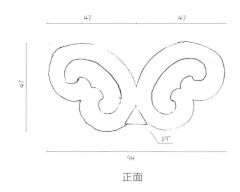

正面

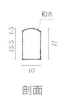

剖面

手绘二簇云纹造型解析

四簇云纹

　　该造型是由四簇云纹组合而成的图案雕饰件。在明清家具中，云纹是常用的装饰图案。如明式家具条案腿足上端与案面接合处、书橱券口、床前立面雕刻等都用云纹作装饰。云纹十字线部位留出卯孔与横竖档十字榫连接，正面采用帮肩工艺，反面采用平肩工艺。

反立面

正立面

侧面

侧面

四簇云纹造型

剖面

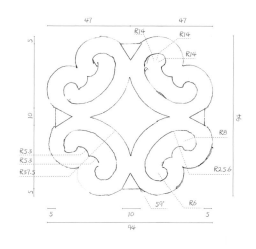

正立面

手绘四簇云纹造型解析

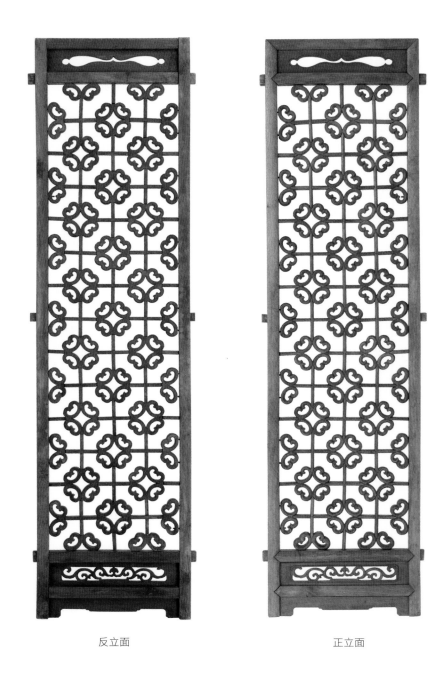

反立面　　　　　　　　　　　正立面

云纹框立面造型

云纹框

　　除前籇山和挑檐的花卉人物雕刻外，云纹雕刻是挑檐床前立面传统艺术的又一个亮点。从结构上来讲，45°割角贯榫、人字肩贯榫、出头榫、十字榫、平肩半榫、帮肩半榫和槽榫七种榫卯作为云纹框的结构。从雕刻艺术上来讲，云纹框有二簇云纹、四簇云纹组成的云纹雕饰，有鱼门洞、

如意缠枝莲纹透雕及牙条雕刻等造型工艺。这张具有明显通作家具艺术特色的架子床，它的云纹框雕刻为一整体，展示了清中期前角柱和门柱之间的围栏风格。从清中期直至中华人民共和国成立，前云纹框高度同侧围栏和后围栏的一样，围栏向上做留白处理。

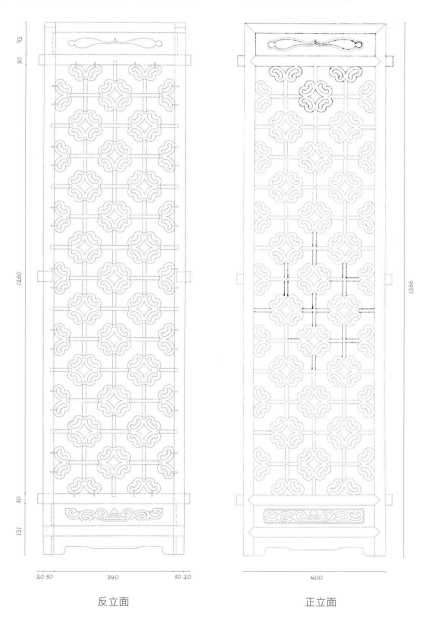

反立面　　　　　　　　正立面

手绘云纹框立面造型

床柱与柱础

前角柱

　　通作挑檐架子床的床柱设计思想来源于古代建筑。前角柱下端和前床帮的卯孔连接。上端满口吞夹子榫和侧箍山榫，云纹框、侧围栏和前角

柱半榫等，都是活榫。这些榫卯结构形式都可以从古建筑中找到源头。因为榫卯结构多，木匠在设计时要作合划线，每个结构点的尺寸要准确。

反立面　　正立面　　左侧立面　　右侧立面

前角柱造型

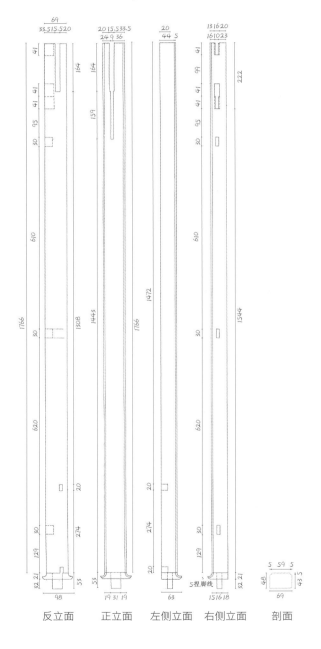

反立面　　正立面　　左侧立面　　右侧立面　　剖面

手绘前角柱造型解析

门柱

门柱和前角柱一样，下端榫头和床帮卯孔接合，上端榫头为人字肩后夹子肩，与箍山下横档相连。设计门柱时要注意：尺寸精确，作合划线；榫卯成型后印线[1]。门柱正面两边用线刨起委角线，再用角锯把印好线的肩子锯掉，使下端露出活榫。上端出现正面人字蒲鞋肩，中间为榫，反面出现夹子肩。

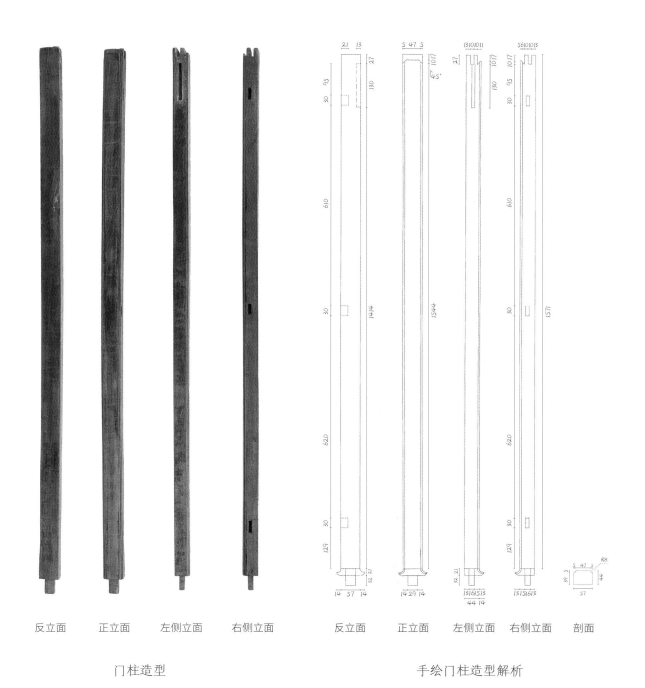

反立面	正立面	左侧立面	右侧立面

门柱造型

反立面	正立面	左侧立面	右侧立面	剖面

手绘门柱造型解析

---

[1] 正反面肩子先用角锯锯出记号，南通木匠叫印线。

后角柱

后角柱和后床帮采用活榫结构连接，和侧后箍山以走马销榫相扣，和侧围栏、后围栏以活榫连接。划线时注意侧围栏高 328 mm，后围栏高 338 mm，上下活卯不在同一水平线上。后角柱通体采用方直线工艺，不加任何修饰。

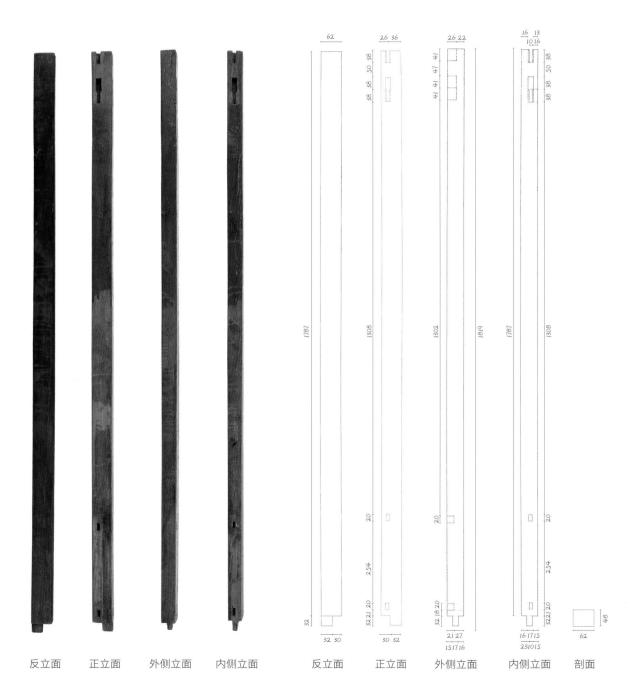

| 反立面 | 正立面 | 外侧立面 | 内侧立面 |

后角柱造型

| 反立面 | 正立面 | 外侧立面 | 内侧立面 | 剖面 |

手绘后角柱造型解析

前角柱柱础

床柱柱础来源于建筑柱础，但建筑柱础比较粗大。除委角线和立柱交圈外，床柱柱础上口采用洼圆线，而下侧采用飘圆线。床柱柱础比较秀气、委婉，工艺要求要高于建筑柱础。床柱采用活榫卯工艺。

用柱础装饰床柱本来就不多见，用古拙、典雅、秀丽的委角线方形柱础来装饰床就更为罕见了。这种柱础来源于古建筑，并仍能找到其踪迹。安徽省黄山市呈坎村有座明代修建的宝纶阁，其前走廊外立柱柱础就是这种有委角线的方形柱础。

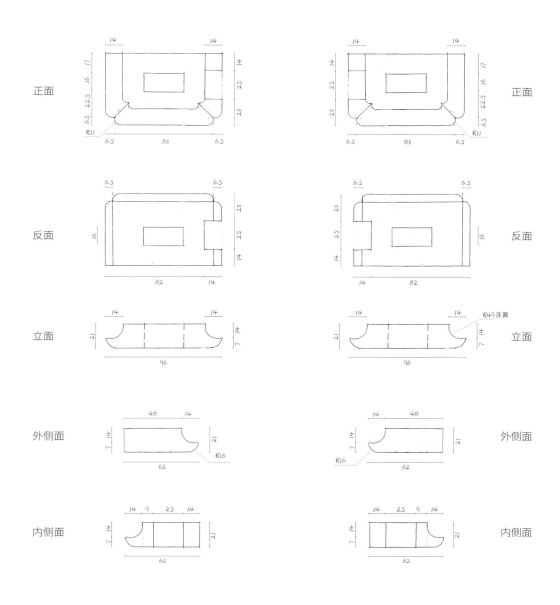

手绘前左角柱柱础造型解析　　　手绘前右角柱柱础造型解析

门柱柱础

反立面

正立面

左侧立面

右侧立面

左门柱柱础造型

门柱单侧面和云纹框活榫接合，而角柱向后与侧围栏接合，侧面又与云纹框活榫接合。床柱

与云纹框接合的侧面，其柱础和云纹框接合处柱础左右下角装饰都要切掉，用于固定云纹框下端。

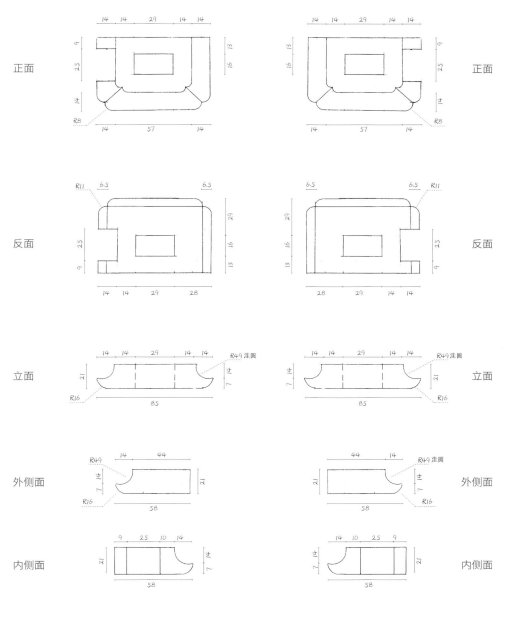

手绘左门柱柱础造型解析　　手绘右门柱柱础造型解析

185

角牙

角牙采用通作拐儿纹饰透雕工艺，具有和尚头拐儿[1]造型。床门角牙透雕装饰件给人的感觉并不压抑，通体明亮，与前立面的透雕艺术品浑然一体。

正面　　　　　　　　　　　　　　　反面

床门角牙造型

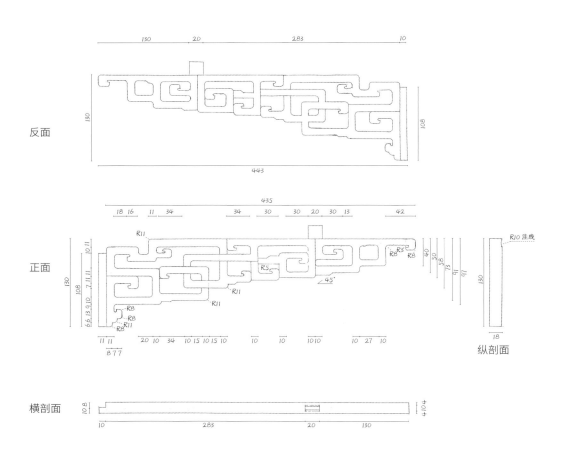

手绘床门角牙造型解析

[1] 拐儿形状的一种。其形状如和尚头，故名。

前箍山

前箍山下横档

前箍山上下横档、竖档和门柱的委角线规格均为 5 mm×5 mm，半径为 8 mm。它们上下

呼应，并与前箍山下横档和门柱委角线交圈。

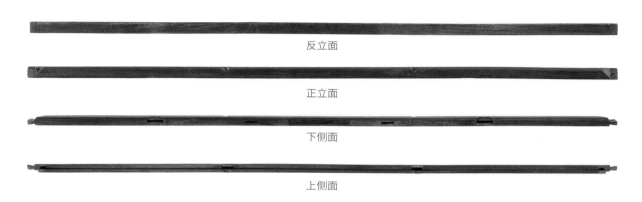

反立面

正立面

下侧面

上侧面

前箍山外框下横档造型

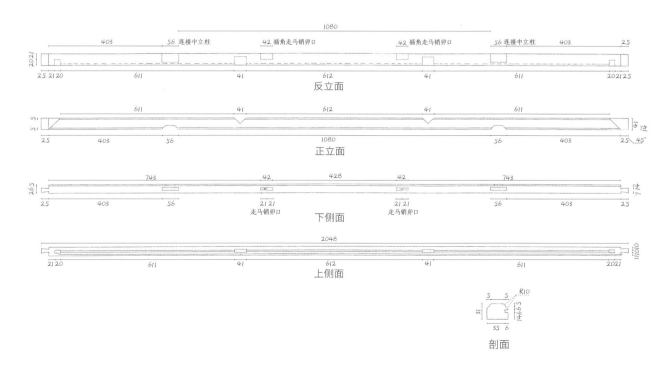

手绘前箍山外框下横档造型解析

前箍山上横档

前箍山上横档的造型和榫卯结构都与下横档的相同。木匠在设计时要注意作合划线。

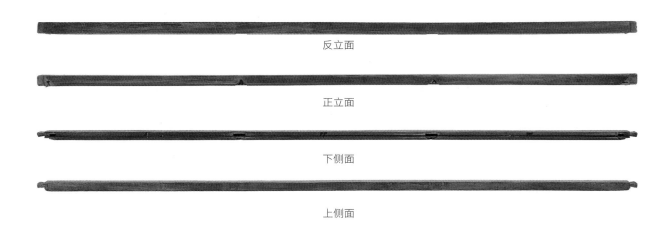

反立面

正立面

下侧面

上侧面

前箍山外框上横档造型

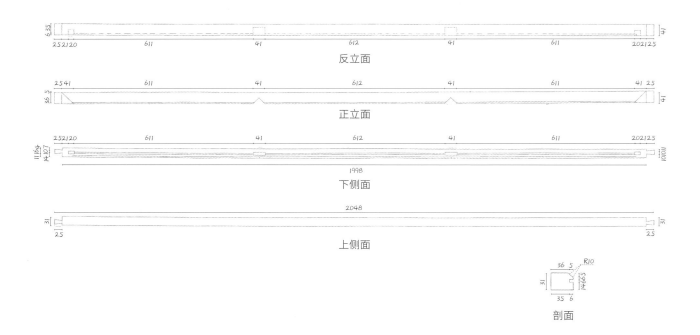

反立面

正立面

下侧面

上侧面

剖面

手绘前箍山外框上横档造型解析

前箍山中竖档

前箍山中竖档剖面规格为 41 mm×31 mm，委角线规格为 5 mm×5 mm，半径为 10 mm。

前箍山中竖档左右两侧槽卯孔和两侧花板槽榫相连接。

| 反立面 | 正立面 | 侧立面 | 侧立面 |

前箍山中竖档造型

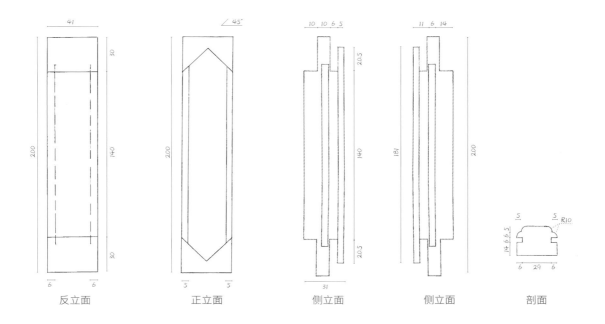

| 反立面 | 正立面 | 侧立面 | 侧立面 | 剖面 |

手绘前箍山中竖档造型解析

前箍山外框竖档

　　前箍山外框竖档和中竖档规格一样。中竖档采用
两端头 45°人字肩，而外框竖档采用 45°大割角工艺。

| 反立面 | 正立面 | 外侧立面 | 内侧立面 |

前箍山外框竖档造型

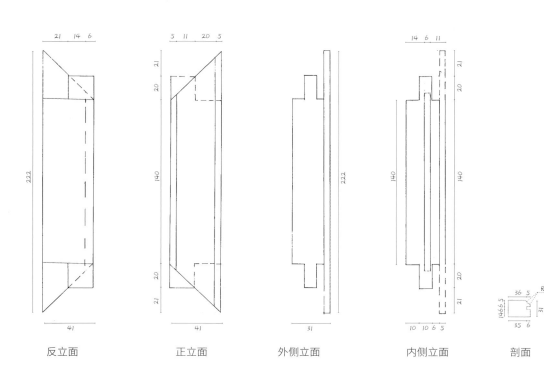

| 反立面 | 正立面 | 外侧立面 | 内侧立面 | 剖面 |

手绘前箍山外框竖档造型解析

前箍山右侧花板

前箍山右侧花板厚12 mm，斜坡宽度为14 mm。灯草线宽5 mm，四周交圈。上下横档和竖档四周有宽5 mm的槽榫，中心部分为雕刻位置。

反立面

正立面

前箍山右侧花板造型

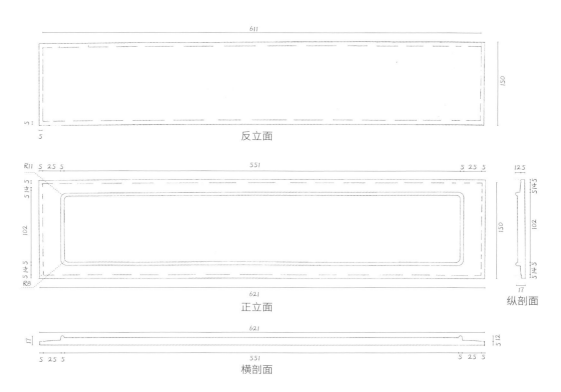

手绘前箍山右侧花板造型解析

前箍山中间花板

前箍山中间花板的造型与左右侧的花板相同，左、中、右三块花板的规格一样，反面采用平面工艺。

反立面

正立面

前箍山中间花板造型

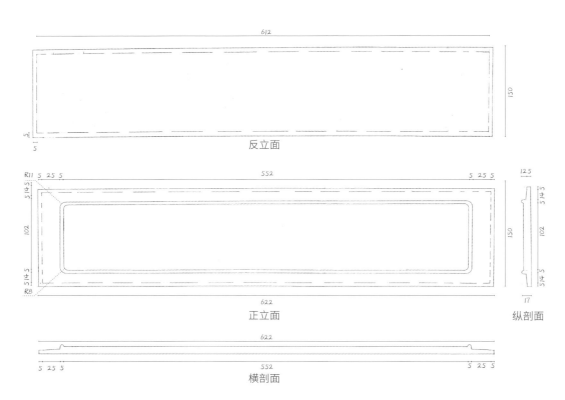

手绘前箍山中间花板造型解析

前箍山左侧花板

前箍山左侧花板的造型工艺和右侧花板的一样。花板造型沿袭了中国传统的对称艺术。

反立面

正立面

前箍山左侧花板造型

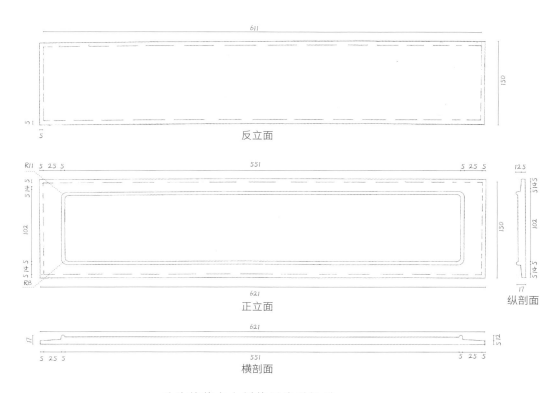

手绘前箍山左侧花板造型解析

前箍山

　　一般的床没有前挑檐。如果该床不用前挑檐，那么前箍山应是前立面的显著部位。前箍山展现的内容最能表达主人的心愿、喜好和思想，设计者要选择合适的题材和艺术表现形式来体现。因此，前箍山不但能加强床体的结构力，而且能增添床的文化内涵和艺术感染力。

反立面

正立面

前箍山立面造型

反立面

手绘前箍山花板和横竖档榫卯组装示意图

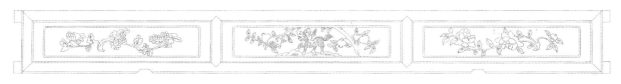

正立面

手绘前箍山花板和横竖档组装件

后箍山

后箍山上横档

后箍山上横档为方直线造型，两端头走马销榫和后角柱卯孔连接。走马销榫向内为半卯孔和外框竖档半榫连接。

反立面

正立面

下侧面

上侧面

后箍山上横档造型

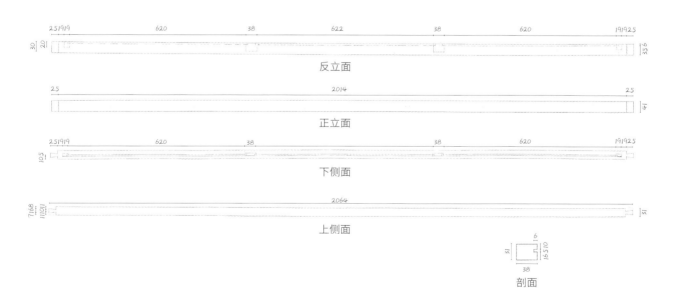

手绘后箍山上横档造型解析

后箍山外框竖档

外框竖档和上下横档均采用方直线造型。外框竖档两端头采用半榫三面90°平肩工艺。榫要做正，尤其榫卯要紧密配合，一次性组装才能保证榫卯结构质量。

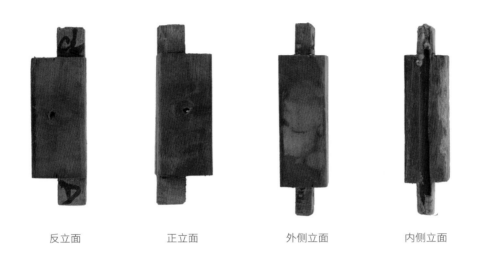

反立面　　　　正立面　　　　外侧立面　　　　内侧立面

后箍山右侧竖档造型

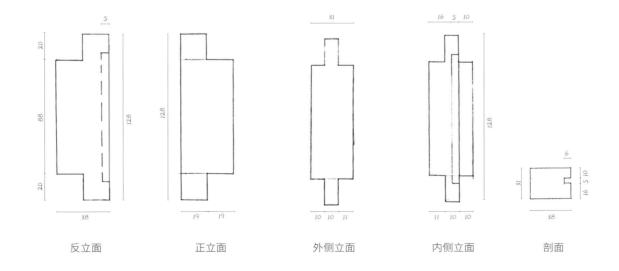

反立面　　　　正立面　　　　外侧立面　　　　内侧立面　　　　剖面

手绘后箍山右侧竖档造型解析

后箍山中竖档

后箍山中竖档和上下横档一样，同为方直线造型。两端头采用半榫平肩工艺。

| 反立面 | 正立面 | 侧立面 | 侧立面 |

后箍山中竖档造型

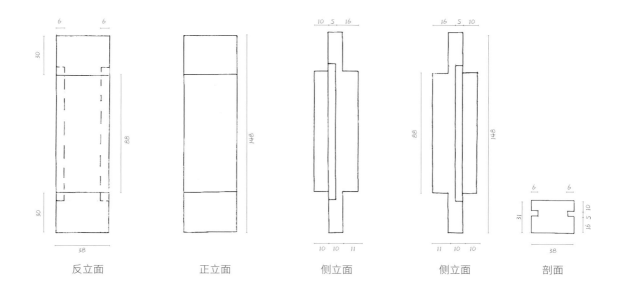

| 反立面 | 正立面 | 侧立面 | 侧立面 | 剖面 |

手绘后箍山中竖档造型解析

后箍山面心板

后箍山面心板厚度为 10 mm。上下横档及竖档槽卯规格为宽 6 mm、深 6 mm。木匠沿面心板四周划线，然后用刨子刨出多余部分，留出宽 5 mm、厚 5 mm 的部分作为槽榫。后箍山面心板和上下横档、竖档以槽榫卯结构连接。

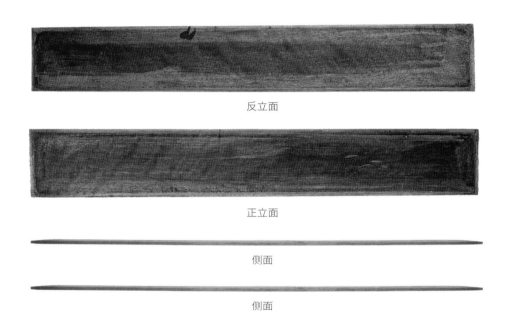

反立面

正立面

侧面

侧面

后箍山面心板造型

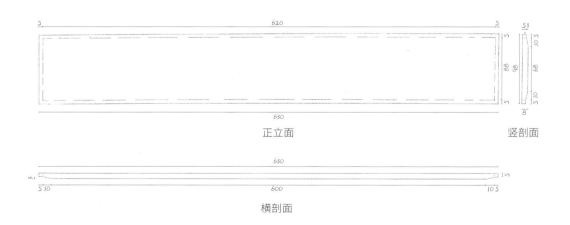

正立面

竖剖面

横剖面

手绘后箍山面心板造型解析

后箍山

　　后箍山在床的后部，在一般情况下看不到。因此，面心板长度按照后箍山总长度平均分为三等分，不但使每个结构点的受力面一样，而且在整体造型上符合人们的审美要求。

反立面

正立面

后箍山立面造型

反立面

手绘后箍山面心板和横竖档榫卯组装示意图

正立面

手绘后箍山面心板和横竖档组装件

侧箍山

侧箍山上横档

　　侧箍山上下横档采用方直线造型。后端头走马销榫连接后角柱柱头。前端头走马销半榫连接前挑檐。前端头走马销榫向后 144 mm 为满口吞夹子榫，与前角柱卯孔接合。满口吞夹子榫旁竖档、后端头走马销榫里侧竖档和中竖档采用半榫连接外框横档。制作卯孔时要在卯孔左右两侧按划线要求做正，便于和竖档接合。

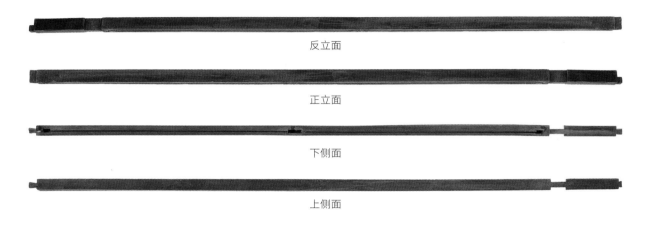

反立面

正立面

下侧面

上侧面

侧箍山上横档造型

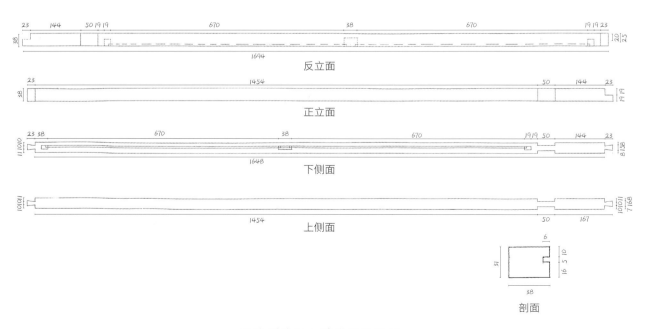

剖面

手绘侧箍山上横档造型解析

侧箍山外框竖档

　　侧箍山外框竖档采用直线条工艺。和后箍山外框竖档一样，其两端头采用三面平肩半榫工艺。

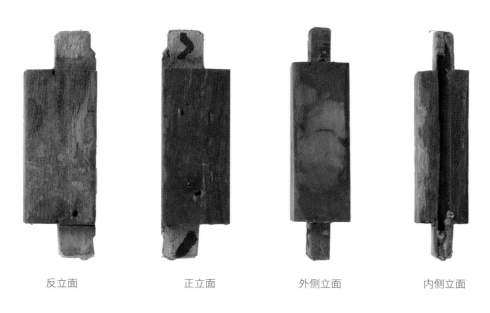

| 反立面 | 正立面 | 外侧立面 | 内侧立面 |

侧箍山右侧竖档造型

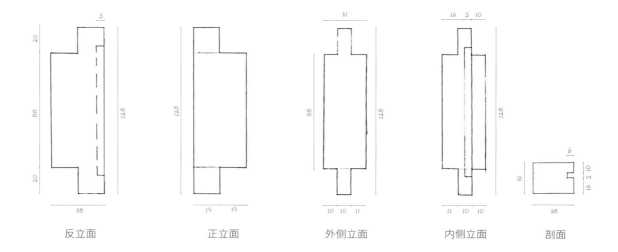

| 反立面 | 正立面 | 外侧立面 | 内侧立面 | 剖面 |

手绘侧箍山右侧竖档造型解析

侧箍山中竖档

侧箍山中竖档和上下横档一样同为方直线造型，与上下横档以半榫连接。

反立面　　　　正立面　　　　侧立面　　　　侧立面

侧箍山中竖档造型

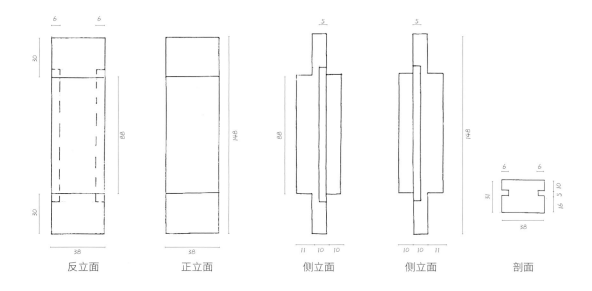

反立面　　　　正立面　　　　侧立面　　　　侧立面　　　　剖面

手绘侧箍山中竖档造型解析

侧箍山面心板

侧箍山面心板和后箍山面心板一样，都厚 10 mm，四周被刨成宽 5 mm、厚 5 mm 的槽榫。

侧箍山面心板和上下横档及竖档采用槽榫卯结构连接。

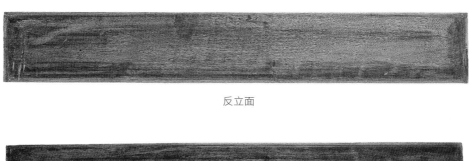

反立面

正立面

侧面

侧面

侧箍山面心板造型

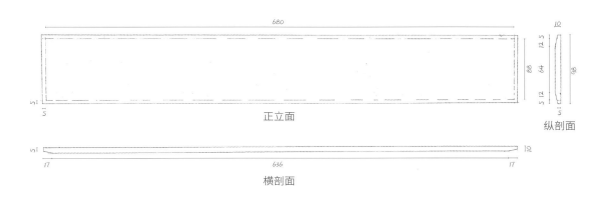

手绘侧箍山面心板造型解析

侧箍山

　　侧箍山和后箍山一样，反面和正面相同。在中国传统家具制作工艺上，侧立面和后立面同为小面，也就是反面。一般反面在造型上都不太讲究，但榫卯结构毫不含糊，运用了多种榫卯。

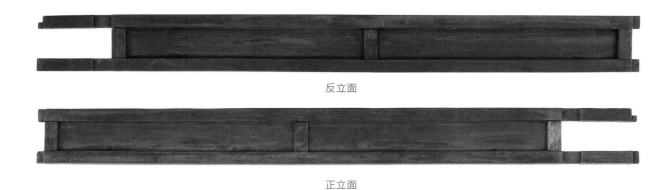

反立面

正立面

侧箍山立面造型

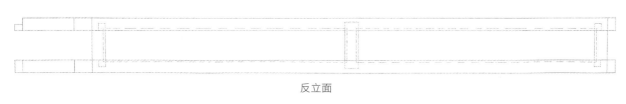

反立面

手绘侧箍山面心板和横竖档榫卯组装示意图

正立面

手绘侧箍山面心板和横竖档组装件

挑檐

挑檐外框竖档

外框竖档在整个挑檐榫卯结构中起到举足轻重的作用，与外框上横档采用大进小出榫卯结构连接。正立面采用人字肩，大榫为 36 mm，出榫仅为 16 mm，反面采用平肩工艺。大进小出榫向下为走马销卯孔，和侧箍山连接，而侧面卯孔与中横档大进小出榫连接，向下为夹档板槽卯孔。

夹档板连接前角柱和前挑檐竖档，为 90°垂直的方形结构板，并起固定作用。最下端为半榫，连接下挂锤，而侧面槽卯孔连接花板。444 mm 长的竖档出现 2 种榫结构、4 种卯孔工艺，共有 8 处榫卯结构和 6 个受力面工艺。所以，外框竖档在该床挑檐中起了很大作用。

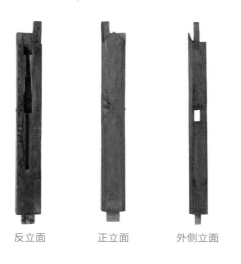

反立面　　正立面　　外侧立面　　内侧立面

竖档上端以大进小出榫连接外框横档
竖档下端以半榫连接挂锤
竖档中部卯孔与中横档大进小出榫相连
竖档内侧卯槽与夹档板槽榫相连
竖档反立面走马销卯孔与挑檐榫头相接

挑檐外框竖档造型

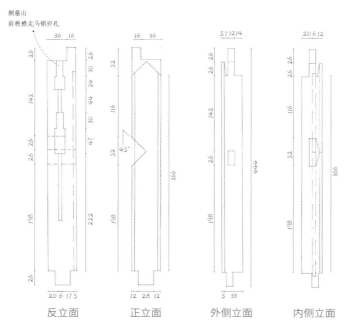

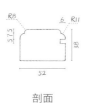

反立面　　正立面　　外侧立面　　内侧立面　　剖面

手绘挑檐外框竖档造型解析

挑檐中竖档

挑檐中竖档规格和外框竖档一样。档头为贯榫，正面采用人字肩，反面采用平肩工艺。其和中横档以十字榫卯结构连接。下端以半榫连接挂锤。侧面槽卯孔安装花板。挑檐横竖档饰以委角线，而这是委角线第三次出现。

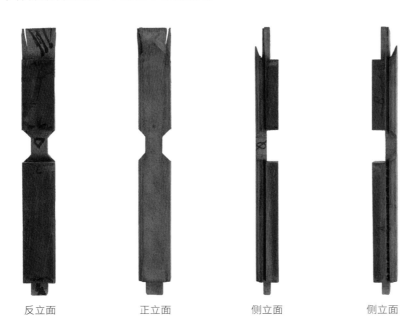

| 反立面 | 正立面 | 侧立面 | 侧立面 |

挑檐中竖档造型

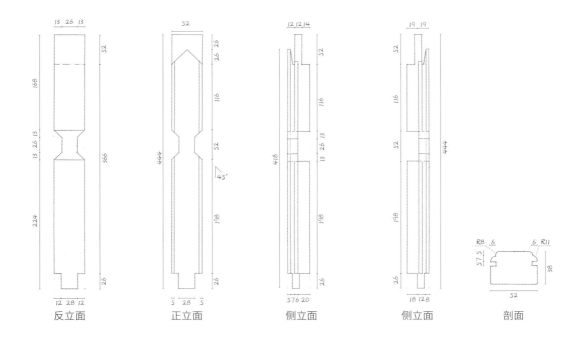

| 反立面 | 正立面 | 侧立面 | 侧立面 | 剖面 |

手绘挑檐中竖档造型解析

挑檐外框上横档

挑檐外框上横档两端各留45 mm作为外框竖档关头。外框竖档和外框上横档采用大进小出榫连接，从而有效地保护上横档创伤面和外框竖档走马销榫卯结构。

走马销榫所处的位置不同，其作用力也不同。

挑檐外框走马销榫是从下向上的榫，产生挑力，从而保证前挑檐永远固定在侧箍山上。而前后箍山或侧箍山走马销榫是自上而下的榫，产生扣夹力，连接和固定床柱并形成一种箍力，增强了床上部架子的整体结构。

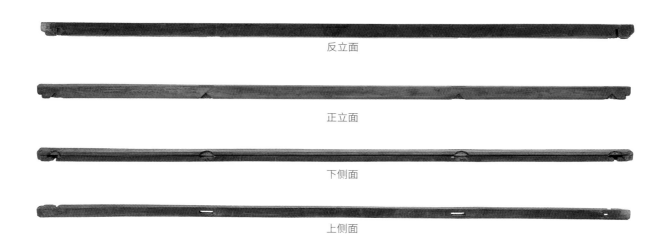

反立面

正立面

下侧面

上侧面

挑檐外框上横档造型

手绘挑檐外框上横档造型解析

挑檐中横档

　　中横档和上横档几何尺寸相似，所不同的是，上横档两端是关头，而中横档两端以大进小出榫连接外框竖档，中横档与中竖档以十字榫卯结构连接。上侧面槽卯孔安装上部花板，中横档双委角线和竖档、上横档双委角线交圈。

反立面

正立面

下侧面

上侧面

挑檐中横档造型

反立面

正立面

下侧面

上侧面

剖面

手绘挑檐中横档造型解析

挑檐上左右花板

挑檐上左右花板长度略同于前籀山左右花板，四周灯草线规格略同于前籀山花板的灯草线。

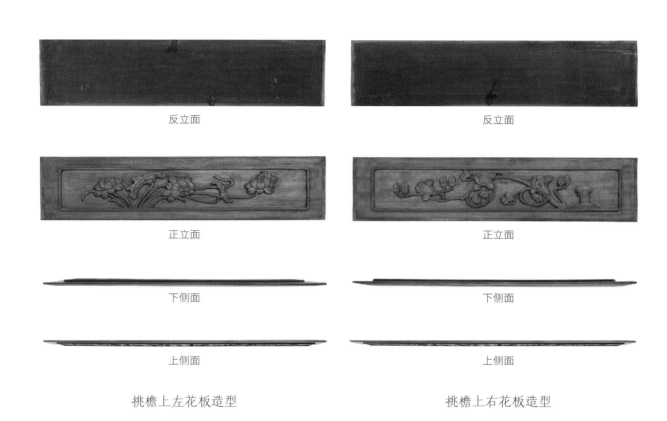

反立面　　　　　　　　　　　　反立面

正立面　　　　　　　　　　　　正立面

下侧面　　　　　　　　　　　　下侧面

上侧面　　　　　　　　　　　　上侧面

挑檐上左花板造型　　　　　　挑檐上右花板造型

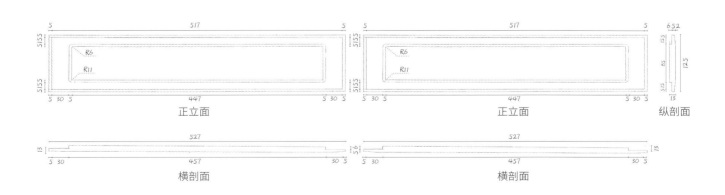

手绘挑檐上左花板造型解析　　　　手绘挑檐上右花板造型解析

挑檐上中花板

　　挑檐上中花板尺寸大于两侧花板，灯草线略同于前籁山花板的灯草线。中花板所处的位置是前立面最为显著的中心部位，使得中花板的雕刻被凸显出来。整个浅浮雕直接面对着来人，一目了然，而前籁山花板在挑檐后面，难以看到。

反立面

正立面

下侧面

上侧面

挑檐上中花板造型

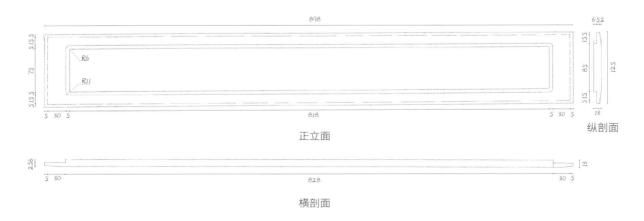

正立面

纵剖面

横剖面

手绘挑檐上中花板造型解析

挑檐下左右花板

通作挑檐床和拔步床一样，视觉重点是挑檐下部的花板。下部左右花板规格相同，造型工艺与上花板的不同。它们是长527 mm、宽198 mm、厚20 mm的整板，正面为桥梁档造型，反面为平面。用采刨沿上部及两端头刨去一部分（宽30 mm、厚7 mm），留13 mm作为两端进卯口的槽榫。而四周宽8 mm、厚7 mm的部分为方直线造型。每个角采用半径为6 mm的圆角工艺，符合通作家具圆角制器要求。

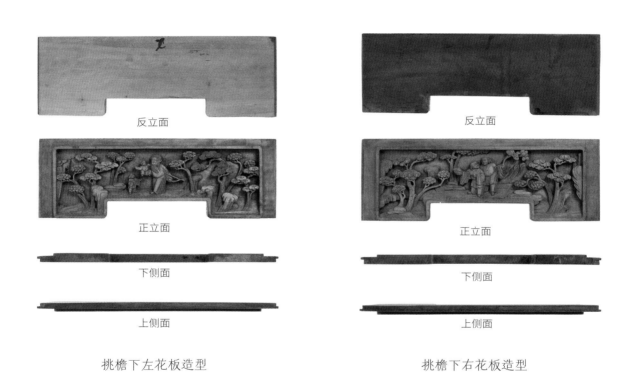

挑檐下左花板造型　　　　　　　　挑檐下右花板造型

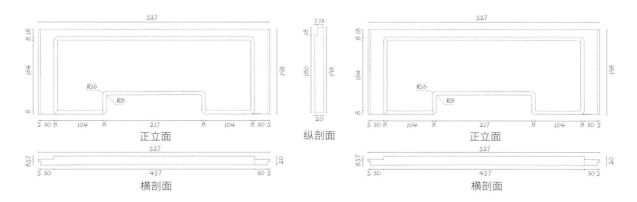

手绘挑檐下左花板造型解析　　　　手绘挑檐下右花板造型解析

挑檐下中花板

挑檐下中花板长 898 mm、宽 198 mm、厚 20 mm，同样采用宽 8 mm、厚 7 mm 方直线，半径为 16 mm 的圆角收角造型工艺。桥梁档花

板的运用使挑檐立面造型有了高低错落的变化，但画面的人物、动物和植物仍能形成一个和谐的统一体。

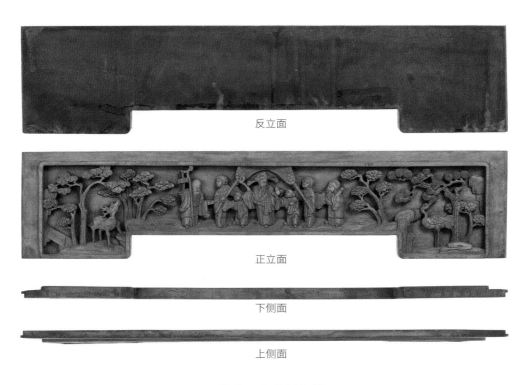

反立面

正立面

下侧面

上侧面

挑檐下中花板造型

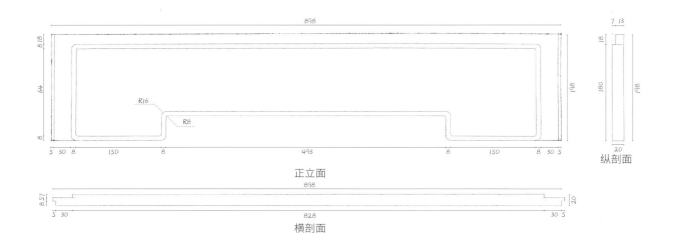

正立面

纵剖面

横剖面

手绘挑檐下中花板造型解析

挑檐挂锤

挑檐挂锤为六角形花篮造型，规格为高116mm、宽84 mm、厚68 mm，和竖档以半卯连接。挂锤预留49 mm作为雕刻空间，饰以 11 mm回纹，向下为7 mm束腰造型，再向下采用60°斜线圆圈造型。

| 反面 | 正面 | 侧面 | 侧面 |

梅花花篮形挂锤立面造型

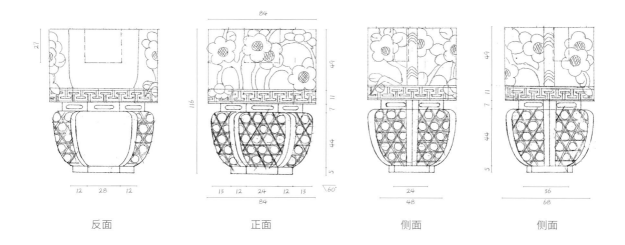

| 反面 | 正面 | 侧面 | 侧面 |

手绘梅花花篮形挂锤造型解析

挂锤顶面为平面，中间卯孔与竖档半榫接合，并托住上面的花板。挂锤为六角花篮形状，其表面采用洼线工艺，造型有层次感。六角形的每个

角线条与上下六角形线条交圈，让人感觉挂锤造型轻巧、精致。

上面

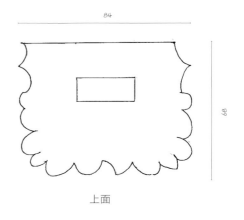

上面

底面

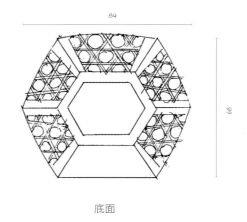

底面

花篮形挂锤造型

手绘花篮形挂锤造型解析

挑檐

反立面

正立面

花卉人物雕刻挑檐立面造型

床顶板

床顶板中竖档

　　床顶板中竖档为直线造型。和外框竖档不同，它的两个侧面有宽 8 mm、深 6 mm 的槽卯孔，两端与上下横档以贯榫连接。

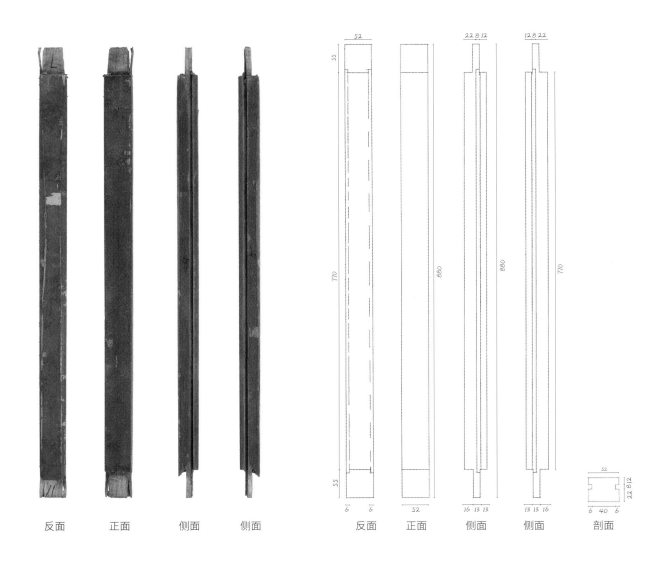

反面　　　正面　　　侧面　　　侧面　　　　　　反面　　　正面　　　侧面　　　侧面　　　剖面

床顶板中竖档造型　　　　　　　　手绘床顶板中竖档造型解析

床顶板外框竖档

外框竖档同上下横档一样，采用方直线造型，而槽卯孔宽 8 mm、深 6 mm。四个面的夹角和每个面的四个角均为 90°。

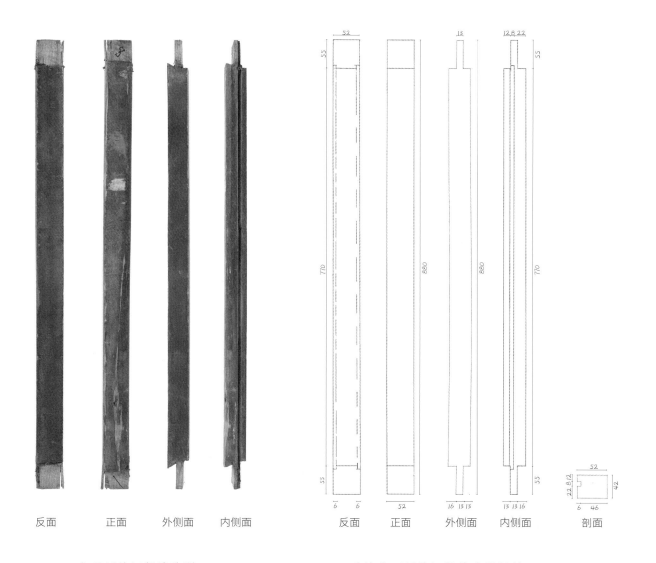

| 反面 | 正面 | 外侧面 | 内侧面 |

床顶板外框竖档造型　　　　手绘床顶板外框竖档造型解析

床顶板外框横档

床顶板外框横档为方直线造型。前后横档端头留出 39 mm 为关头，其榫卯结构为贯榫。床顶板的面心板采用三等分法。

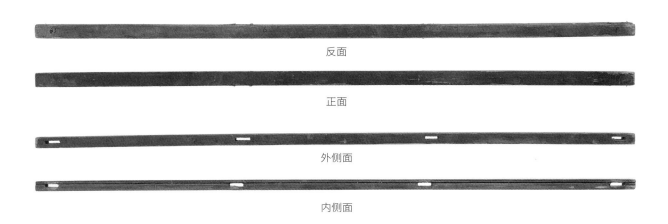

反面

正面

外侧面

内侧面

床顶板外框横档造型

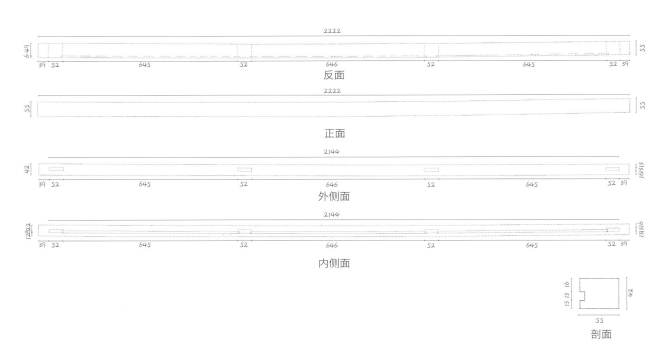

手绘床顶板外框横档造型解析

床顶板面心板

床顶板共有两片，每片顶板由拼合而成的三块同规格的面心板与横竖档组装而成。

面心板用厚 10 mm 的木板，以竹黄圆棒榫拼接。拼接与组装方法：先配板（最好等边宽），按木纹方向打好记号，弦切纹配弦切纹，径切纹配径切纹；接着划出圆棒榫卯孔位置，按记号钻孔；再用毛竹做成圆棒榫，圆棒榫长度要短于卯孔长度；然后用精刨做缝，用圆棒榫拼好板，用木工角尺或利用勾股定理划出方线（对角线检验方正）；最后锯掉多余部分，沿板四周划线，用刨子刨成槽榫与横竖档槽卯结合，从而完成床顶板组装。

床顶板面心板造型

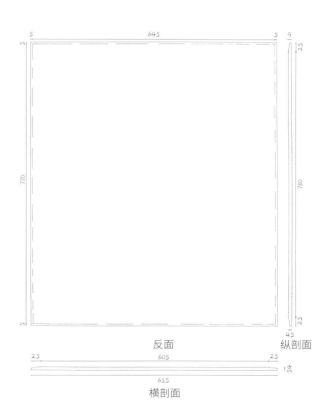

手绘床顶板面心板造型解析

正面

床顶板组装件

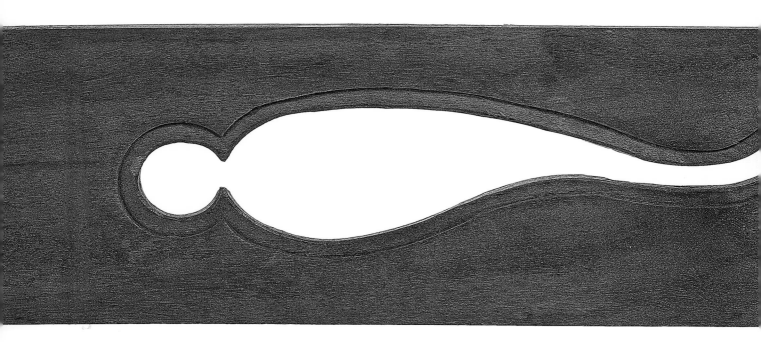

第三章
线条美学

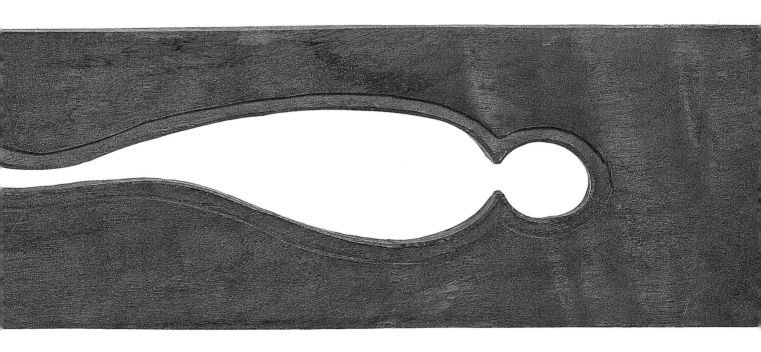

洼线

洼线指凹入平面的线型。

前左右腿足

腿足装饰艺术分为两类。第一类，线型装饰，即家具部件的一个面或几个面运用线条进行装饰，如方形线、圆线、扁圆线、洼线等。第二类，造型装饰，即对工件进行设计和加工，使其成为各种造型，如内翻马蹄腿足、三弯腿足、外翻马蹄腿足等。线型装饰最为普遍，在腿足的内侧和正面交会处，以起线的方式呈现。线型有碗口线、洼线、灯草线等。碗口线最早在明代就已形成，之后洼线出现，接着灯草线等出现。这些都是传统家具中床腿足的装饰线型。

正立面

前左右腿足洼线

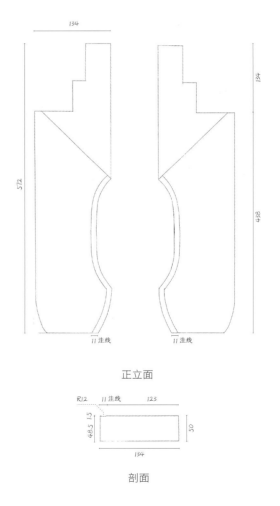

正立面

剖面

手绘前左右腿足洼线解析

牙条

　　牙条下口以 11 mm 洼线和前左右腿足交圈。木匠根据设计要求，按 1:1 比例放大样，放好大样后做成实样。然后按照实样画工件，运用锯、刨、凿等方法塑造工件，用线刨沿内侧按设计要求起线、成型。手工起线时，在牙条腿足交叉处及桥梁档转弯处，用雕刻凿子接线。最后以手工刮、磨，达到直线条标准。若牙条和前床帮成品件组装，

两端头和左右腿足榫卯接合后形成平面，前立面就显得比较呆板。为了克服这一缺陷，木匠借鉴方桌面框和牙条的结构形式，在牙条上口留一条 22 mm 宽、10 mm 深的洼线做束腰，让其下线与牙条相连，上线与床帮相接，使前立面有了凹凸变化和层次感，产生了视觉上的美感。

牙条端部插榫和线条

牙条桥梁档洼线造型和腿足交圈，
牙条上部平束腰，圆线收边

正立面

牙条拐儿纹和洼线

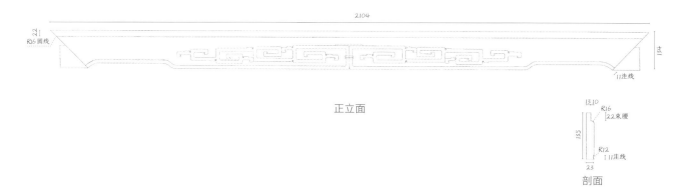

正立面

剖面

手绘牙条拐儿纹和洼线解析

文武线

指由一浑（外凸）一洼（内凹）两种线组成的线型。

床帮

文武碗底线实际上由两种线组成。线型有碗底线、碗底阳线、碗底小洼线等，其中碗底线出现年代较早。所谓碗底线，是比喻线条造型像碗底部一样。床帮下部和牙条接口处饰以碗底线，以分线造型和床帮平面过渡。碗底线上口凸为武，凹为文。碗底线、洼线、分线形成的线型叫文武碗底线。

正立面

前床帮文武线

正立面

手绘前床帮文武线解析

床立面线型

床正立面造型由左右腿足 11 mm 洼线和牙条交圈，束腰、牙条上口圆线、床帮文武碗口线组成，显得有生机、有层次感，特别是前床帮文武碗底线，把面到线的过渡展现得淋漓尽致。

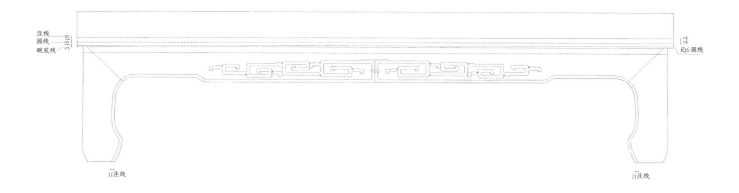

正立面

手绘牙条和前左右腿足洼线交圈

方直线

方直线是指用四面为平面且四个角为 90° 直角，表面及角基本没有缺陷的成品方料做成的线型。

方直线 ① （后左右腿足和后床帮）

方直线是比较难处理的线型。材料要四面见线，且基本没有缺陷，几何尺寸要准确无误。方直线对面的要求很高，对木材纹理、活（死）节、树的年轮及生长方向都有严格要求。

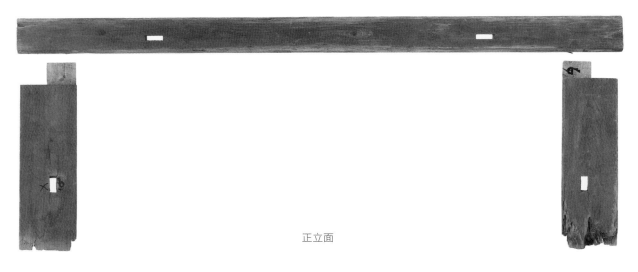

正立面

后左右腿足和后床帮方直线

正立面

手绘后左右腿足和后床帮方直线解析

方直线 ② （后角柱）

　　明清家具除门面、侧面用线型装饰外，里面及背面几乎都不做线型修饰，这在遗存的家具中可以得到佐证。这张床后角柱采用方直线，符合明清家具制器要求。

正立面　　　　外侧面　　　　　　　　　正立面　　　　外侧面　　　剖面

后角柱方直线　　　　　　　　　　手绘后角柱方直线解析

方直线③（后箍山）

　　这张床后箍山通过走马梢榫和后角柱组装后与后角柱在一个立面上，其方直线线型体现了明清家具的制器要求。

正立面

后箍山外框横竖档方直线交圈

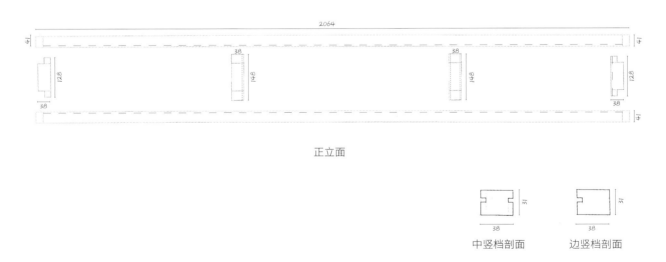

正立面

中竖档剖面　　　边竖档剖面

手绘后箍山外框横竖档方直线解析

方直线 ④（侧箍山）

方直线家具取料要求高。明代早期家具，特别是床、柜、椅、台、桌、凳大多采用四平面做法。讲究的家具对材料的要求特别严格，即材料

全为方形，基本不带缺陷，对纹理的要求也特别高。对材料要求严格意味着对木匠制作的要求也高。这在遗存的明早期家具中也得到了佐证。

反立面

侧箍山外框横竖档方直线交圈

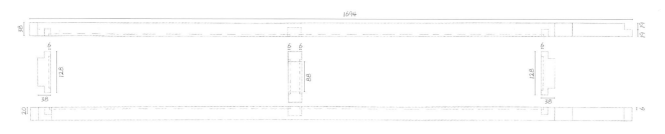

反立面

中竖档剖面　　边竖档剖面

手绘侧箍山外框横竖档方直线解析

方直线 ⑤ （床顶板）

自古以来，床顶板一是用来装饰，二是用来挂蚊帐。过去，床顶一年到头都挂着蚊帐（这也同简陋的住房有关）。挂蚊帐夏天可驱蚊虫，冬天可保暖，又可使床形成一个私密空间。旧时蚊帐比较厚，根本看不到床顶板，所以，床顶板框架及面心板都是按床后立面工艺来做的。

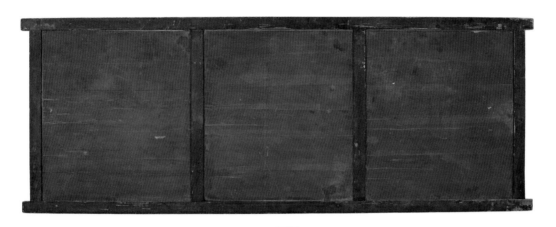

正面

床顶板外框横竖档方直线交圈

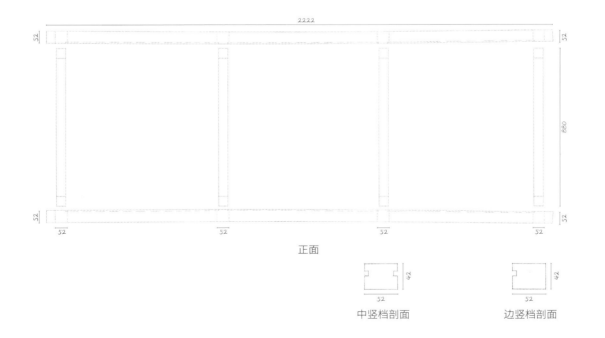

正面

中竖档剖面　　　边竖档剖面

手绘床顶板外框横竖档方直线解析

指甲圆线

高起的素凸面像指甲微微隆起的线型即指甲圆线。

指甲圆线 ①（侧围栏和后围栏）

床侧围栏组装后，从立面上看出现造型层次。围栏外框内的组装件都在一个平面上，比四周外框稍低。这样，内框指甲圆线和外框指甲圆线出现对比落差美，增强了线型的观赏性。

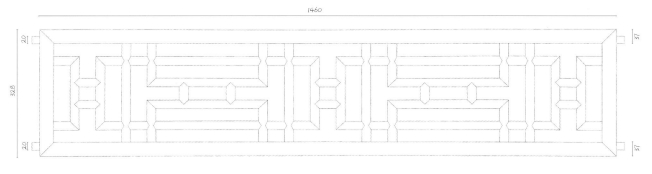

正立面

手绘侧围栏指甲圆线解析

正立面

后围栏外框横竖档指甲圆线交圈

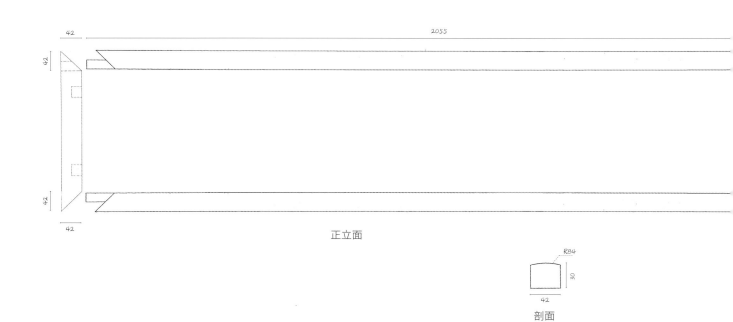

正立面

手绘后围栏外框横竖档指甲圆线解析

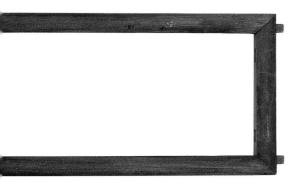

　　这张床后围栏外框采用半径为 84 mm 的指甲圆线，内框采用半径为 28 mm 的指甲圆线。从明清时代遗存的大量家具围栏来看，洼线、方直线，特别是指甲圆线运用得较多（起线方法：圆线的刨刀呈洼形，洼线的刨刀呈圆形）。沿侧面起指甲圆线是讲究的工艺，制作方法：按大样算好指甲圆线侧面洼多少，然后划好线做记号。这样做的线型，在组装时，两个侧面及正面基本都可以交圈。

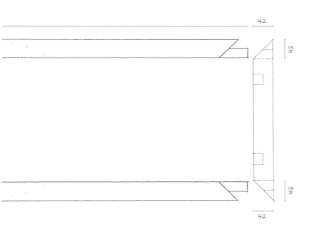

正立面

围栏贵方横竖档指甲圆线交圈

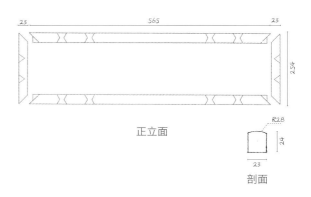

正立面

手绘围栏贵方横竖档指甲圆线解析

指甲圆线 ② （云纹外框）

床前左右角柱和门柱之间的云纹框，其外框
与横档一般采用洼线或指甲圆线来装饰。

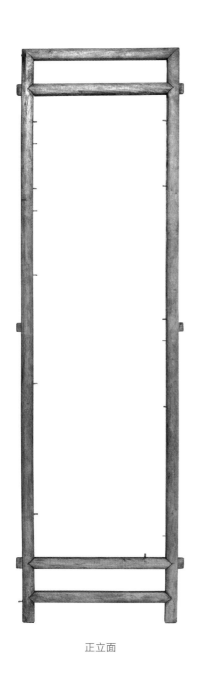

正立面

云纹外框横竖档指甲圆线交圈

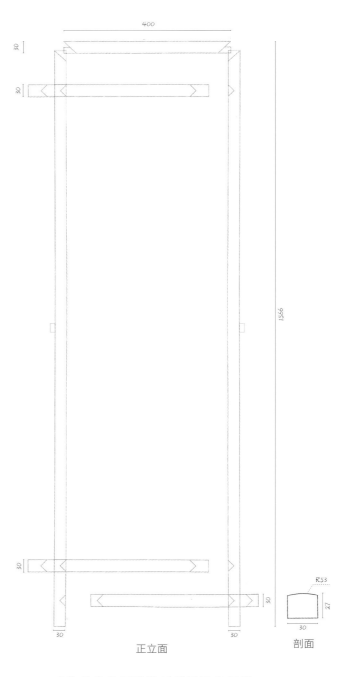

正立面　　　　　　　　　剖面

手绘云纹外框横竖档指甲圆线解析

云纹框的内饰和外框不在一个平面上。众多有序连接的云纹与鱼门洞、如意缠枝莲纹、桥梁档牙条等饰件，与内饰金鱼背线和外框指甲圆线，呈现出一个多姿多彩的艺术画面。虽然金鱼背线和指甲圆线同为圆线，但十字榫横竖档、小子儿横竖档、二簇云纹、四簇云纹饰用的金鱼背线使画面更加丰富。

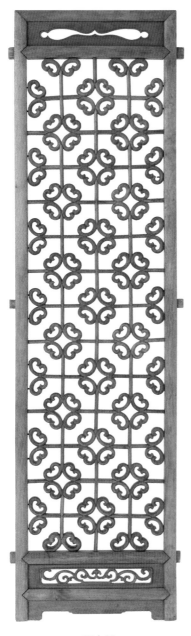

正立面

云纹框线型

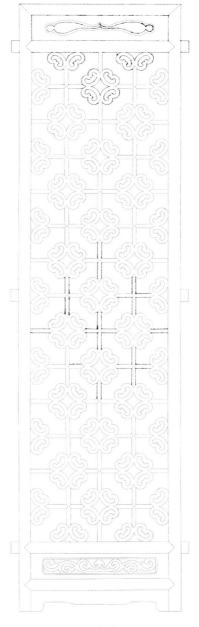

正立面

手绘云纹框线型

金鱼背线

金鱼背线在指甲圆线线型基础上有所变化，正中位置微微高凸，就像金鱼的脊背一样。

正立面

十字榫和四簇云纹金鱼背线型结构

金鱼背线是南通匠师在传统指甲圆线基础上改进的一种装饰线。

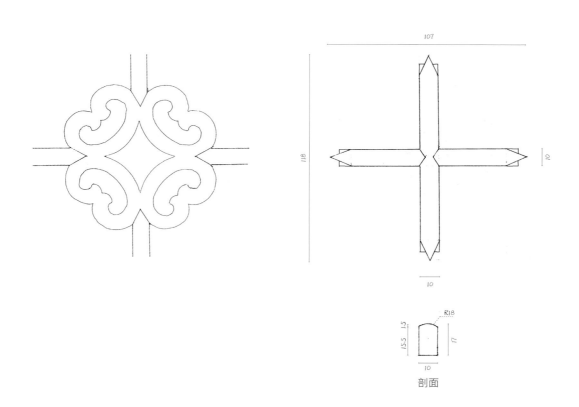

手绘十字榫和四簇云纹金鱼背线解析

委角线

在构件直角上刨出阴文线，使直角变成委角的线型就是委角线。

委角线 ①（前角柱）

委角线在书架和床类家具上运用得比较普遍。到了清晚期，委角线逐渐消失。前角柱的正面 2 条边线各起宽 5 mm、厚 5 mm 的委角线，外角半径为 8 mm。

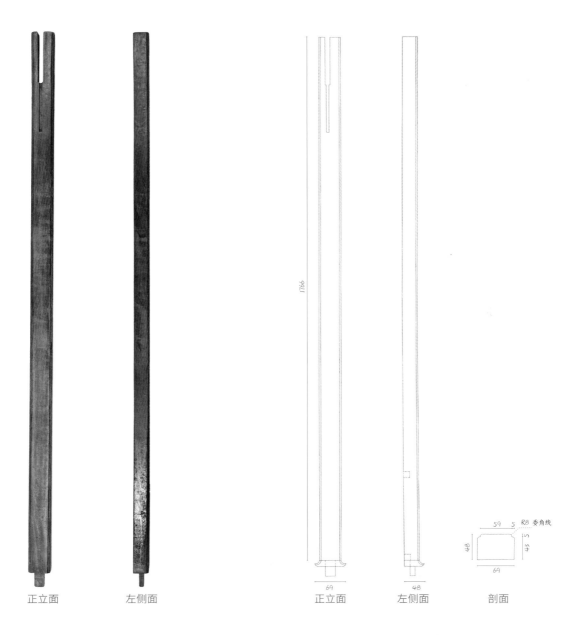

| 正立面 | 左侧面 | | 正立面 | 左侧面 | 剖面 |

前左角柱委角线　　　　　　　　　　手绘前左角柱委角线解析

委角线②（门柱）

此床门柱委角线宽 5 mm，厚 5 mm，半径为 8 mm。委角线规格没有特定的标准，须根据工件的大小而定。门柱两侧委角线和前箍山委角线交圈。

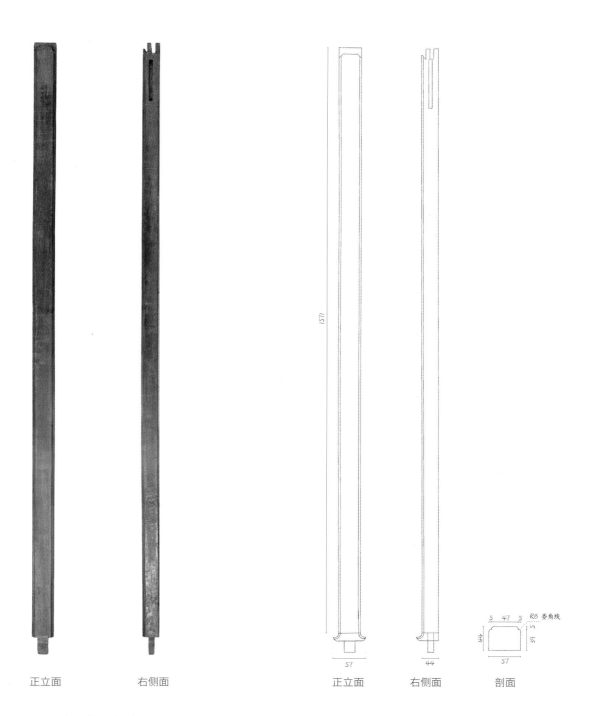

正立面　　　　　右侧面

左门柱委角线

正立面　　　右侧面　　　剖面

手绘左门柱委角线解析

委角线 ③（前箍山）

委角线从门柱上端人字送肩工艺延伸到前箍山。外框下横档和门柱委角线交圈。前箍山花板上有半径为 6 mm 的平阳线。线内为雕刻面，线外为平面。

正立面

前箍山内框和下横档委角线

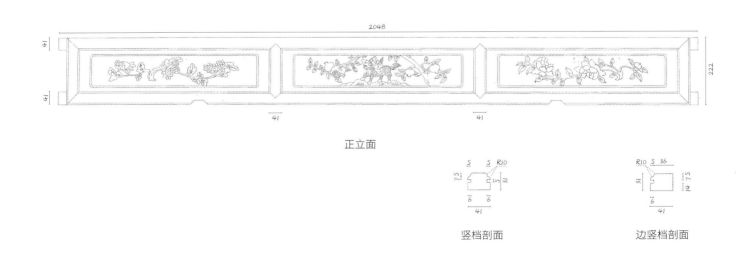

正立面

竖档剖面　　　　　边竖档剖面

手绘前箍山内框和下横档委角线解析

委角线 ④（挑檐）

　　挑檐中竖档与中横档采用十字榫蒲鞋肩结构连接，外框人字肩每个方格内委角线交圈。上三块花板四周造型留出 6 mm 阳线交圈，下三块桥梁档型花板以 8 mm 方直线交圈。纵观前立面，挑檐横竖档委角线和花板阳线互相呼应，在不影响整个画面的同时，留出平面（留白）。楠木天然山水纹理和雕刻画面给人一种自然和人文景观交相辉映的感觉。

正立面

挑檐横竖档委角线交圈

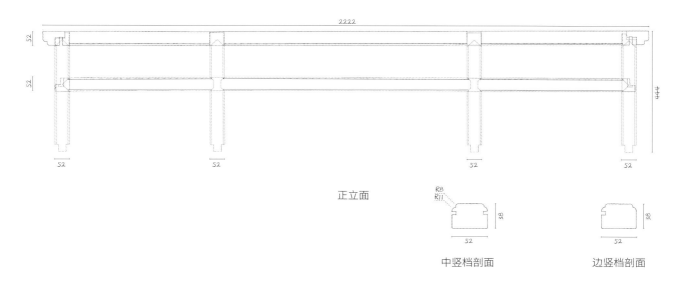

正立面

中竖档剖面　　　　边竖档剖面

手绘挑檐横竖档委角线解析

第四章
雕刻工艺

线雕

线雕一般是用"V"形三角刀等刀具在平面上起阴线的一种方法。在红木家具上用铲底形式表现出阳线花纹图案的，也称线雕。

通作挑檐架子床部件上采用的就是线雕，如牙条上的洼线、前箍山和挑檐上部面心板花卉雕刻四周的灯草线等都是线雕。

线雕要先进行设计，再由木工划线放大样。放样前须先计算和尚头拐儿与回纹几何尺寸，并

对称摆放。木工划好线后，雕刻工来完成线雕。沿木工划的直线用宽板凿一一凿过，通作工匠叫印线。不同线型需要使用不同的工具。外圆角用正口圆凿，内圆角用反口圆凿，勾子拐儿内圆用半径为3 mm的反口圆凿，拐儿外角用半径为

正面

拐儿纹和洼线雕刻牙条

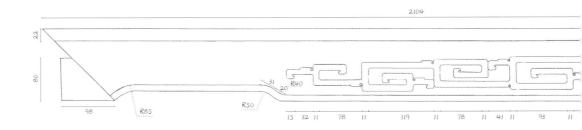

正面

手绘拐儿纹和洼线雕刻牙条解析

3 mm 的正口圆凿。木工划线全部印好（凿好）后，雕刻工再用中号板凿凿平面（术语叫铲底子），大约凿 2 mm 深，向外斜 12 mm 左右。凿好底子后，用刮刀把底子刮平，把线理直，完成工艺后

在转珠部分用反口圆凿凿成圆珠形状。在突出底子部分用圆凿凿成洼线，和牙条洼线交圈。再用刮刀按洼线形状刮平、刮直，之后进行打磨。

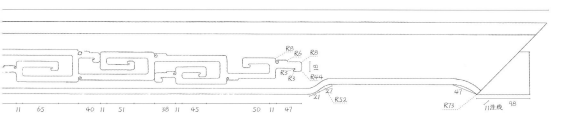

浅浮雕

浮雕是花纹高出底面的一种雕刻形式。根据花纹的高低程度，浮雕又分为浅浮雕和高浮雕两种。表现对象的压缩体型凹凸不到圆雕二分之一的浮雕称为浅浮雕。

浅浮雕是与高浮雕相对的一种浮雕技法，所雕刻的图案和花纹微微地高出底面。其雕刻比较浅，层次之间相互交叉比较少。挑檐床的前箍山和挑檐上部面心板上的花卉雕刻即浅浮雕。

浙江东阳木雕、福建莆田木雕、浙江乐清黄杨木雕和广东潮州金漆木雕是中国四大木雕流派。浙江东阳木雕以建筑木雕为主，主要是柱、梁深雕。福建莆田木雕也是以建筑木雕为主。浙江乐清黄杨木雕主要是以黄杨为主材，雕刻摆件为主。广东潮州金漆木雕以人物造型为主，特别善于雕

正面

前箍山花卉花板

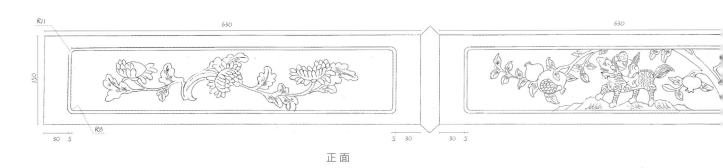

正面

手绘前箍山花卉花板解析

刻人像。

南通浅浮雕以写意雕刻为主，展示在家具上，特别在床立面表现得最齐全。前箍山花板以菊花、石榴、牡丹纹来表现。雕工先把三种花卉画在坯板上，然后沿画好的线用板凿、正反口圆凿、斜凿印线，完成后用正反口板凿铲底子（约深 3 mm），理平整后，把树叶、树枝、花蕾、花蕊雕刻成品。

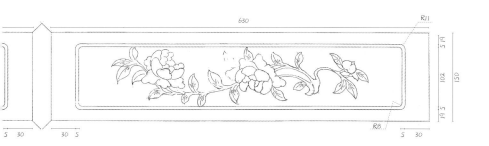

挑檐上部同前簐山一样，也是以浅浮雕来表现的。莲花、牡丹和玉兰花纹表达了当时百姓对美好生活的向往。写意浅浮雕既是自我艺术，又是大众艺术。

正面

挑檐花卉花板

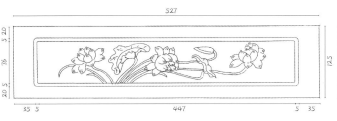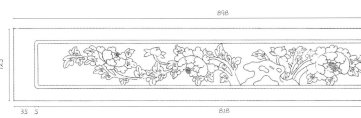

正面

手绘挑檐花卉花板解析

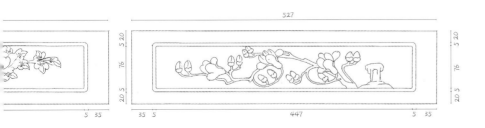

高浮雕

表现对象的压缩体型凹凸超过圆雕二分之一的浮雕称为高浮雕。高浮雕是与浅浮雕相对的一种浮雕技法。它接近于雕塑，画面构图丰满，疏密得当，粗细相融，玲珑剔透。

挑檐花板是这张床的文化和雕刻艺术的集中体现之处。挑檐下部桥梁档人物、神仙和花木雕刻就是高浮雕。木工把三块坯板打方锯好，做成桥梁档造型，然后将三面用采刨（竖向 35 mm 宽，横向 18 mm 宽，深 7 mm）制成平面落差形状，最后将坯板交由雕工负责雕刻。南通手艺人有项不成文的规矩，即"线外木工，线里雕工"，指的是雕刻图（线）是雕工的活，而图（线）外处理为木工活。木工负责人请来雕工，而雕工负责人拿出创意方案，画好图稿。二者合理分工，有序

正面

挑檐人物故事花板

正面

手绘挑檐人物故事花板解析

工作。学徒负责出空子（铲底子），用弓锯锯透雕空子。当家的大师傅雕主要部分。先雕山石，由浅到深，之后雕出鹿、仙鹤和树木，再雕出人物及手中拿的东西，然后雕出人物的表情，最后统一刮磨、校正。无论雕什么，其雕刻技法都是向里斜，主要目的是让所雕刻的物体更加有立体感。

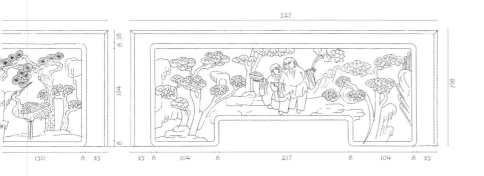

通雕

通雕是一种在浮雕、镂刻等传统雕刻基础上发展起来的技法。画面可以多层次地镂通，重重叠叠。其内容具有很大的容纳性和很强的表现力。挑檐床挂锤雕刻就是通雕技法的典型代表。

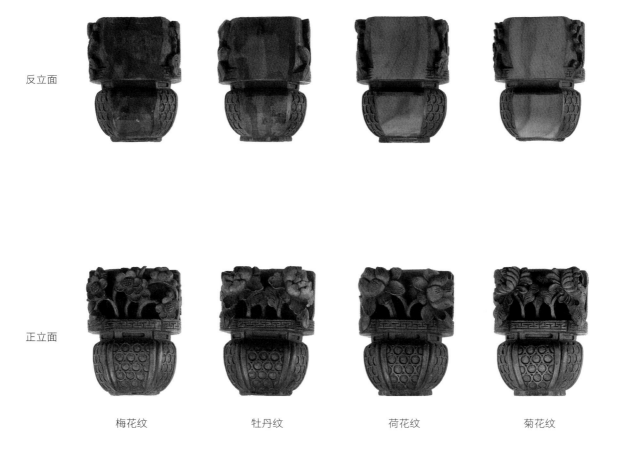

反立面

正立面

梅花纹　　　　　牡丹纹　　　　　荷花纹　　　　　菊花纹

六角花篮形挂锤

挂锤立面雕刻

　　挂锤雕刻是挑檐艺术的亮点。这张架子床四个挂锤分别以梅花、牡丹、荷花和菊花四种花卉作为雕刻题材。四个挂锤用料规格都为 116 mm×84 mm×68 mm（楠木）。挂锤造型为盛满花卉的六角形花篮。四个挂锤统一设计、印线、分线、用锯子锯，用 6 mm 宽的平凿完成造型。把束腰半成品做好后，雕工雕回纹，然后分别构思梅花、牡丹、荷花和菊花，以及花茎、

花叶、花蕾等。挂锤雕刻虽是立体画面，但其三个面（反面无雕刻画）的画面是连贯的，也就是说每个挂锤三个画面是一个统一体。花卉雕刻完成后，下一步是雕挂锤。木匠先按 30°分成十字交叉的网线，按圆圈比例顺序排好，用和圆圈直径等宽的外圆圆凿凿成成品。上端半卯孔连接挑檐竖档的榫头，做好后全部由雕工来装配。

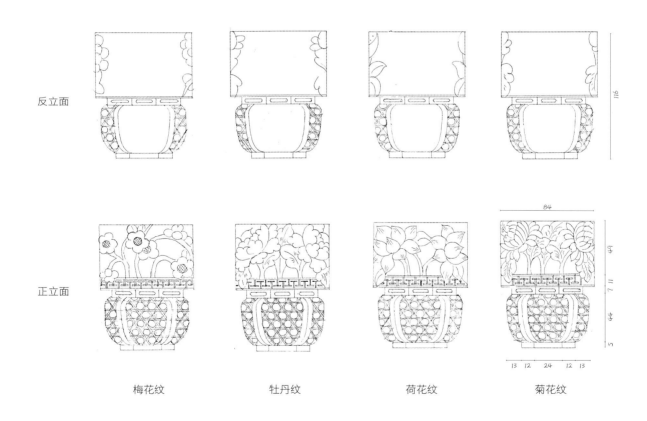

反立面　　　　正立面

梅花纹　　　　牡丹纹　　　　荷花纹　　　　菊花纹

手绘六角花篮形挂锤

挂锤侧面雕刻

侧立面

侧立面

梅花纹　　　　　　牡丹纹　　　　　　荷花纹　　　　　　菊花纹

六角花篮形挂锤

挂锤侧面和正面在制作过程中应当一同完成。两侧面各留 8 mm 雕刻成圆柱形。两侧花蕾图案从前立面向后延伸。而回纹纹饰同样和前立面连通。两侧腰线同于前立面腰线。中部圆柱相应留白。两边同样按 30°分成网状，雕刻成圆圈。底座和前立面交圈。

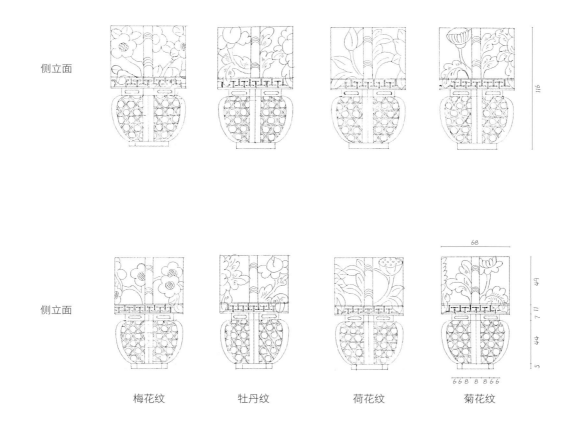

手绘六角花篮形挂锤

挂锤顶底面雕刻

顶面

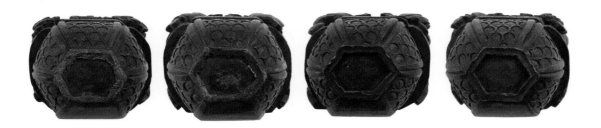

底面

六角花篮形挂锤

挂锤上部无纹饰，卯孔和竖档以半榫连接，底面按 84 mm×68 mm 的矩形断面，设计成六边形，并做成半径为 15 mm 的洼线造型。正六边形外部和留白弧形线相吻合。底面凹进六边形面 3 mm，也同样做留白处理。留白部分使整个挂锤有了层次感，虚实相间。

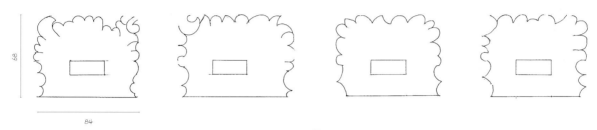

顶面

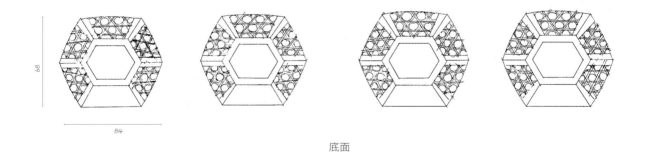

底面

手绘六角花篮形挂锤

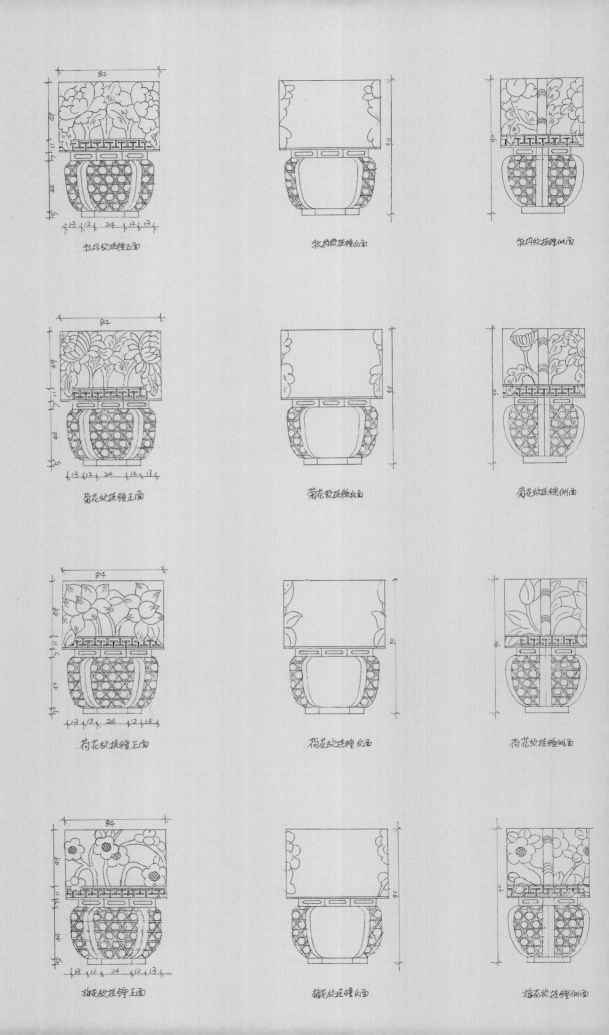

牡丹纹挂锤正面　　　　　　　牡丹纹挂锤反面　　　　　　　牡丹纹挂锤侧面

菊花纹挂锤正面　　　　　　　菊花纹挂锤反面　　　　　　　菊花纹挂锤侧面

荷花纹挂锤正面　　　　　　　荷花纹挂锤反面　　　　　　　荷花纹挂锤侧面

梅花纹挂锤正面　　　　　　　梅花纹挂锤反面　　　　　　　梅花纹挂锤侧面

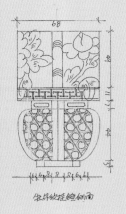

牡丹纹挂锤侧面

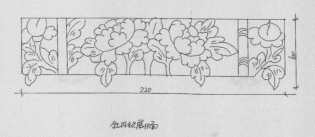

牡丹纹展开面

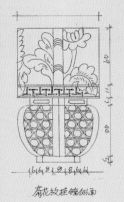

菊花纹挂锤侧面

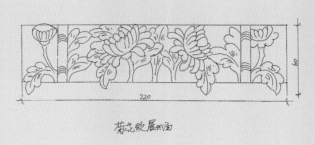

菊花纹展开面

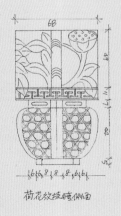

荷花纹挂锤侧面

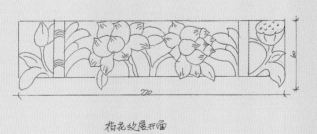

荷花纹展开面

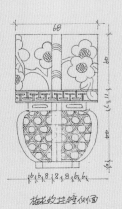

梅花纹挂锤侧面

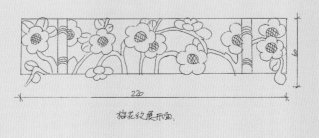

梅花纹展开面.

手绘图样

花卉人物雕刻挑檐

手绘花卉人物雕刻挑檐

挑檐花板布局分上、下两部分。上部雕刻花卉，有莲花、牡丹和玉兰花。下部雕刻神仙和历史人物故事，左为麒麟送子，中为郭子仪拜寿，右为和合二仙。这些吉祥图案象征家庭和睦、婚姻美满，反映了人们祈求多子多福多寿的美好愿望。

四个挂锤的雕刻题材分别为梅花、菊花、荷花和牡丹。这些吉祥图案都有美好的寓意。

梅花为"岁寒三友"之一，它以高洁、坚强、谦虚的寓意，给人立志奋发的激励。菊花代表高雅纯洁，象征隐士归隐田园的恬静惬意。荷花，即莲花，为花中君子，是清白高洁的象征。牡丹是百花之王，雍容华贵，国色天香，代表吉祥富贵。这些图案反映了人们对美好生活的向往和对高尚情操的追求，也是对床主人的衷心祝福。

镂雕

镂雕又称透雕，是在浮雕的基础上，镂去背后底板的雕刻。

二簇与四簇云纹

镂雕有单面雕刻和双面雕刻之分。一般有边框的称镂空花板。挑檐架子床上的镂雕都属于单面雕刻。

匠师将零料锯成宽 94 mm、高 47 mm、厚 17 mm 的二簇云纹坯料，或长 94 mm、宽 94 mm、厚 17 mm 的四簇云纹坯料，也可以用整料锯成宽 47 mm、厚 17 mm 的二簇云纹或宽 94 mm、厚 17 mm 的四簇云纹坯料。按设计放

大样，做成小样样板，然后按小样样板划在加工工件表面上，用木工钻把每个要锯的部位先打好孔，再用弓锯（一种用毛竹做成弓形的锯子，用钢丝做成缺口形状的锯条）沿留线锯成小样板形状。锯好后，侧面按线用锉刀锉或用刮子刮，正面用雕刻工具正口板凿先凿后刮，做成金鱼背线和十字横竖档交圈。

正立面

正立面

二簇和四簇云纹

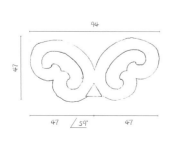

正立面

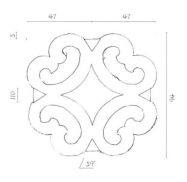

正立面

手绘二簇和四簇云纹镂雕解析

角牙

这是工件的直线部分，应该由木工来完成。木匠按角牙设计要求在加工工件上放出大样图，用手工钻在镂空部位内钻孔，然后用弓锯沿线（留线以便修理）把需要镂空的部分锯掉。全部锯好后，按划线要求用刮子刮直、修平，把正面卷珠纹用圆凿雕好，把完成面线条两面用反口圆凿放圆线交圈。

正面

拐儿纹角牙

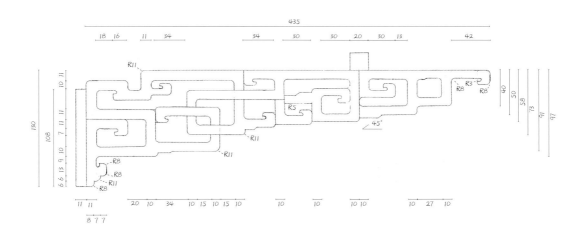

正面

手绘拐儿纹角牙镂雕解析

如意缠枝莲纹花板

如意缠枝莲纹在南通又叫如意仙草纹。木匠将设计好的图案画到木板上，用弓锯把空白部分锯掉，将侧面刮平后，用大小正反口圆凿雕刻如意缠枝莲纹。

反立面

正立面

如意缠枝莲纹花板

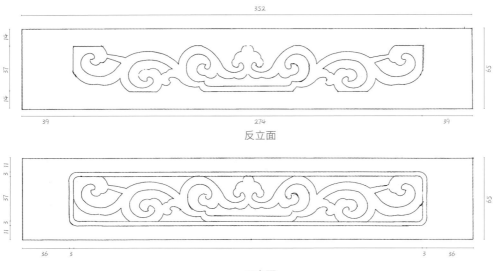

手绘如意缠枝莲纹镂雕解析

鱼门洞花板

放好大样，锯掉鱼门洞镂空部分，理好花板侧面和正立面后，沿侧面起 5 mm 平线，让人感觉整个面又多了一个层次。

反立面

正立面

鱼门洞花板

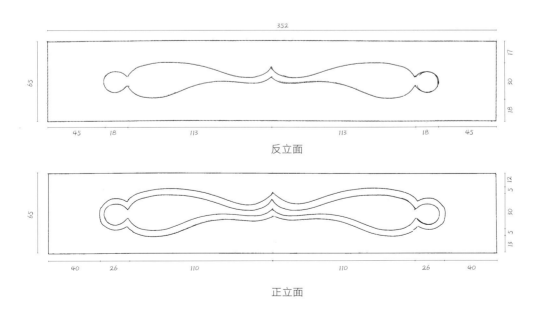

反立面

正立面

手绘鱼门洞镂雕解析

云纹框牙条

这是比较简单的工艺。木匠划好线后用窄条锯子沿线（留线）把多余部分锯掉，然后按线刮平理直，放圆轮。

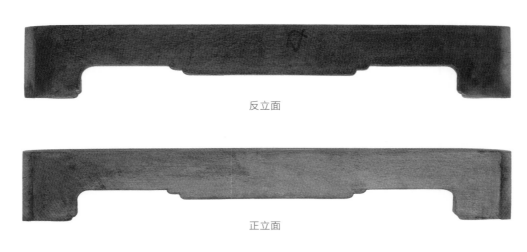

反立面

正立面

云纹框牙条花板

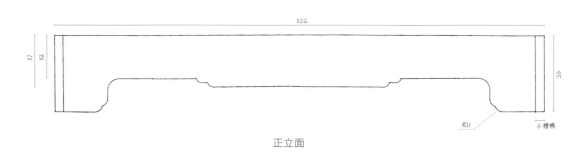

正立面

手绘云纹框牙条花板解析

第四章 雕刻工艺

云纹框是木工、雕工技艺完美结合的产物。特别是十字榫卯结构和二簇、四簇云纹的镂雕，以及十字横竖档几何尺寸的准确度，不是一般技师可以把握的。这样细巧的活儿，要心灵手巧、吃苦耐劳，还要静下心来才能做好。

云纹框雕刻立面

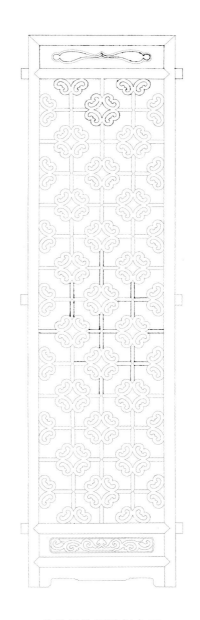

手绘云纹框雕刻立面

人物花卉花板与横竖档槽榫卯结构组合为一组艺术品，是这张架子床的精华部分。花板和框架结构有高低起伏，浅浮雕、高浮雕、线雕等技艺有机结合，彰显了各自的艺术特色。桥梁档花板与挂锤装饰使立面造型高低错落有致，把木工技艺与雕刻艺术完美融合在一起。

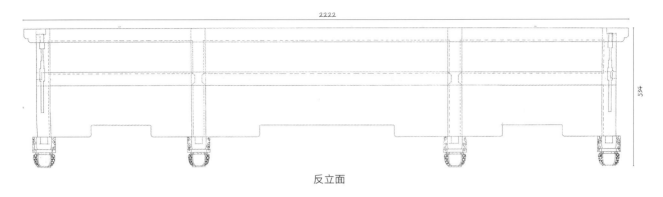

反立面

手绘挑檐榫卯组装示意图

正立面

手绘挑檐造型

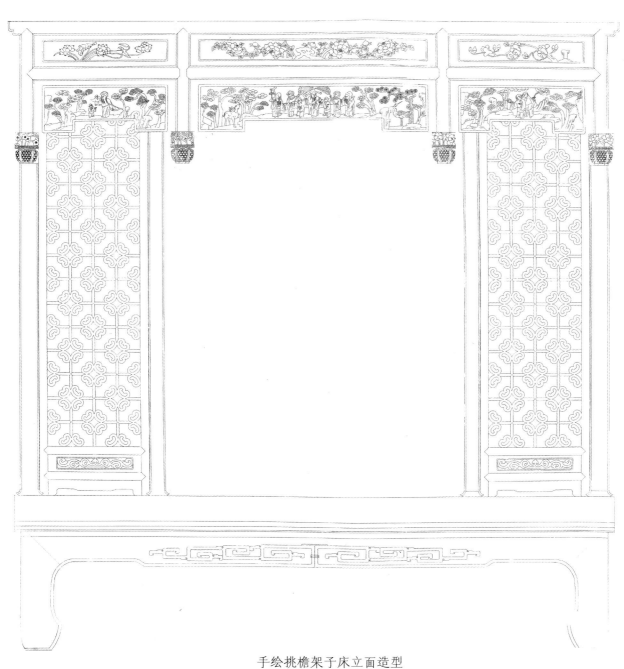

手绘挑檐架子床立面造型

通作楠木挑檐架子床配件数量表

	一、床体、床柱			
序号	名　称	尺寸（长×宽×厚）	数量	备　注
1	前腿足	572 mm×148 mm×50 mm	2根	
2	后腿足	503 mm×145 mm×56 mm	2根	
3	中腿足	515 mm×85 mm×48 mm	4根	
4	侧前下拉档	777 mm×40 mm×44 mm	2根	
5	侧后下拉档	782 mm×40 mm×44 mm	2根	
6	前床帮	2 180 mm×134 mm×57 mm	1根	
7	后床帮	2 180 mm×134 mm×60 mm	1根	
8	前牙条	2 104 mm×134 mm×23 mm	1根	
9	中横档	2 110 mm×84 mm×48 mm	2根	
10	前贯榫床楞	768 mm×70 mm×42 mm	2根	前床帮半榫，中横档贯榫
11	前半榫床楞	755 mm×70 mm×42 mm	6根	
12	后贯榫床楞	780 mm×70 mm×42 mm	2根	
13	后半榫床楞	742 mm×70 mm×42 mm	6根	
14	前角柱	1 819 mm×69 mm×48 mm	2根	
15	门柱	1 624 mm×57 mm×44 mm	2根	
16	门柱柱础	85 mm×58 mm×21 mm	2块	
17	后角柱	1 819 mm×62 mm×48 mm	2根	
18	前角柱柱础	96 mm×62 mm×21 mm	2块	
19	下侧箍山	1 533 mm×130 mm×35 mm	2根	
20	扒底销子	168 mm×34 mm×14 mm	2根	

二、围 栏

序号	名 称	尺寸（长×宽×厚）	数量	备 注
1	侧围栏外框横档	1 500 mm×37 mm×30 mm	4 根	
2	侧围栏外框竖档	328 mm×37 mm×30 mm	4 根	
3	侧围栏竖半贵方竖档	189.2 mm×23 mm×24 mm	4 根	
4	侧围栏竖半贵方横档	80 mm×23 mm×24 mm	8 根	
5	侧围栏横半贵方竖档	127.8 mm×23 mm×24 mm	16 根	
6	侧围栏横半贵方横档	305 mm×23 mm×24 mm	8 根	
7	侧围栏贵方竖档	189.2 mm×23 mm×24 mm	8 根	
8	侧围栏贵方横档	565 mm×23 mm×24 mm	8 根	
9	侧围栏小横档	72 mm×23 mm×24 mm	12 根	
10	侧围栏小竖档	62.4 mm×23 mm×24 mm	8 根	
11	侧围栏中竖档	288 mm×23 mm×24 mm	8 根	
12	后围栏外框横档	2 055 mm×42 mm×30 mm	2 根	
13	后围栏外框竖档	338 mm×42 mm×30 mm	2 根	
14	后围栏竖半贵方竖档	189.2 mm×23 mm×24 mm	2 根	
15	后围栏竖半贵方横档	80 mm×23 mm×24 mm	4 根	
16	后围栏横半贵方竖档	127.8 mm×23 mm×24 mm	12 根	
17	后围栏横半贵方横档	285 mm×23 mm×24 mm	6 根	
18	后围栏贵方竖档	189.2 mm×23 mm×24 mm	6 根	
19	后围栏贵方横档	545 mm×23 mm×24 mm	6 根	
20	后围栏小横档	72 mm×23 mm×24 mm	8 根	
21	后围栏小竖档	62.4 mm×23 mm×24 mm	6 根	
22	后围栏中竖档	288 mm×23 mm×24 mm	6 根	

三、云纹框

序号	名　称	尺寸（长×宽×厚）	数量	备　注
1	外框竖档	1 566 mm×30 mm×27 mm	4 根	
2	外框上冒档	400 mm×30 mm×27 mm	2 根	
3	上、中横档	430 mm×30 mm×27 mm	4 根	
4	下横档	400 mm×30 mm×27 mm	2 根	
5	鱼门洞花板	352 mm×65 mm×10 mm	2 块	
6	如意缠枝莲纹花板	352 mm×65 mm×10 mm	2 块	
7	牙　条	352 mm×56 mm×9 mm	2 根	
8	十字榫横档	107 mm×10 mm×17 mm	40 根	
9	十字榫竖档	118 mm×10 mm×17 mm	40 根	
10	小子儿横档	59.5 mm×10 mm×17 mm	24 根	
11	小子儿竖档	65.5 mm×10 mm×17 mm	4 根	
12	二簇云纹雕刻件	94 mm×47 mm×17 mm	36 块	
13	四簇云纹雕刻件	94 mm×94 mm×17 mm	38 块	

四、顶箍山

序号	名　称	尺寸（长×宽×厚）	数量	备　注
1	侧箍山上下横档	1 694 mm×38 mm×31 mm	4 根	
2	侧箍山外框竖档	128 mm×38 mm×31 mm	4 根	
3	侧箍山中竖档	148 mm×38 mm×31 mm	2 根	
4	侧箍山面心板	670 mm×98 mm×8 mm	4 块	
5	后箍山上下横档	2 064 mm×38 mm×31 mm	2 根	
6	后箍山中竖档	148 mm×38 mm×31 mm	2 根	
7	后箍山外框竖档	128×38 mm×31 mm	2 根	
8	后箍山面心板	620 mm×98 mm×8 mm	3 块	
9	前箍山上下横档	2 048 mm×41 mm×31 mm	2 根	
10	前箍山外框竖档	222 mm×41 mm×31 mm	2 根	
11	前箍山中竖档	200 mm×41 mm×31 mm	2 根	
12	前箍山花板	622 mm×150 mm×12 mm	3 块	

五、前挑檐

序号	名　　称	尺寸（长×宽×厚）	数量	备　注
1	上冒横档	2 222 mm×52 mm×38 mm	1根	
2	中横档	2 132 mm×52 mm×38 mm	1根	
3	外框竖档	444 mm×52 mm×38 mm	2根	
4	中竖档	444 mm×52 mm×38 mm	2根	
5	花篮形挂锤	116 mm×84 mm×68 mm	4个	
6	上左右花板	527 mm×125 mm×13 mm	2块	
7	上中花板	898 mm×125 mm×13 mm	1块	
8	下左右花板	527 mm×198 mm×20 mm	2块	
9	下中花板	898 mm×198 mm×20 mm	1块	

六、顶　板

序号	名　　称	尺寸（长×宽×厚）	数量	备　注
1	顶板外框横档	2 222 mm×55 mm×42	4根	
2	顶板外框竖档	880 mm×52 mm×42	4根	
3	顶板外框中竖档	880 mm×52 mm×42	4根	
4	顶面心板	655 mm×780 mm×8	6块	

七、零星部件

序号	名　　称	尺寸（长×宽×厚）	数量	备　注
1	角　牙	443 mm×130 mm×18 mm	2片	
2	前挑檐和前左右角柱夹档板	160 mm×152 mm×10 mm	2片	

以上各种配件共计 82 号，465 件。

通作楠木挑檐架子床榫卯一览表

一、床 体				
序号	榫卯结合点	榫数量	卯数量	榫 种
1	牙条和前左右腿足	2个	2个	插榫
2	前左右腿足和前床帮	2个	2个	大进小出榫
3	扒底销子和牙条	2个	2个	扒底销子榫
4	扒底销子和床帮	2个	2个	半榫
5	前床柱和前床帮	4个	4个	活榫
6	前床楞和前床帮	8个	8个	半榫
7	下拉档和前左右腿足	2个	2个	半榫
8	后左右腿足和后床帮	2个	2个	半榫
9	后床楞和后床帮	2个	2个	贯榫
10	后床楞和后床帮	6个	6个	半榫
11	下拉档和后左右腿足	2个	2个	贯榫
12	下拉档和中腿足	4个	4个	贯榫
13	中腿足和中横档	4个	4个	大进小出榫
14	前床楞和前中横档	6个	6个	半榫
15	前床楞和前中横档	2个	2个	贯榫
16	后床楞和后中横档	6个	6个	半榫
17	后床楞和后中横档	2个	2个	贯榫
18	后角柱和后床帮	2个	2个	活榫
19	下侧箍山和前后床帮	8个	8个	燕尾榫
20	中横档和下侧箍山	4个	2个	半榫
21	前床柱柱础	4个	4个	活榫
22	门柱和前箍山下横档	2个	2个	半榫

二、侧围栏

序号	榫卯结合点	榫数量	卯数量	榫　种
1	上下横档和外框竖档	8 个	8 个	贯榫
2	横半贵方竖档和上下横档	16 个	16 个	半榫
3	中竖档和上下横档	16 个	16 个	半榫
4	竖半贵方横档和外框竖档	8 个	8 个	半榫
5	小横档和竖半贵方竖档	8 个	8 个	半榫
6	小横档和贵方竖档	16 个	16 个	半榫
7	竖半贵方横档和竖半贵方竖档	8 个	8 个	鱼尾扣榫
8	横半贵方横档和横半贵方竖档	16 个	16 个	鱼尾扣榫
9	贵方横档和贵方竖档	16 个	16 个	鱼尾扣榫
10	小竖档和横半贵方横档	16 个	16 个	半榫
11	中竖档和贵方横档	16 个	16 个	十字榫
12	横半贵方竖档和贵方横档	16 个	16 个	十字榫

三、后围栏

序号	榫卯结合点	榫数量	卯数量	榫　种
1	上下横档和外框竖档	4 个	4 个	贯榫
2	横半贵方竖档和上下横档	12 个	12 个	半榫
3	中竖档和上下横档	12 个	12 个	半榫
4	竖半贵方横档和外框竖档	4 个	4 个	半榫
5	小横档和竖半贵方竖档	4 个	4 个	半榫
6	小横档和贵方竖档	12 个	12 个	半榫
7	竖半贵方横档和竖半贵方竖档	4 个	4 个	鱼尾扣榫
8	横半贵方横档和横半贵方竖档	12 个	12 个	鱼尾扣榫
9	贵方横档和贵方竖档	12 个	12 个	鱼尾扣榫
10	小竖档和横半贵方横档	12 个	12 个	半榫
11	中竖档和贵方横档	12 个	12 个	十字榫
12	横半贵方竖档和贵方横档	12 个	12 个	十字榫

四、云纹框

序号	榫卯结合点	榫数量	卯数量	榫 种
1	横档和外框竖档	12 个	12 个	贯榫
2	上冒档和外框竖档	4 个	4 个	半贯榫
3	花板和外框竖档	12 个	12 个	槽榫
4	十字榫竖档和横档	40 个	40 个	十字榫
5	小子儿横档和外框竖档	24 个	24 个	半榫
6	小子儿竖档和横档	4 个	4 个	半榫
7	小子儿竖档和四簇云纹	4 个	4 个	半榫
8	小子儿横档和四簇云纹	24 个	24 个	半榫
9	十字榫横档和二簇、四簇云纹	80 个	80 个	半榫
10	十字榫竖档和二簇、四簇云纹	80 个	80 个	半榫
11	二簇云纹和中横档	16 个	16 个	圆棒榫
12	二簇云纹和外框竖档	56 个	56 个	圆棒榫
13	外框竖档嫁接榫	4 个	4 个	半榫

五、顶箍山

序号	榫卯结合点	榫数量	卯数量	榫 种
1	后箍山外框竖档和上下横档	4 个	4 个	半榫
2	后箍山中竖档和上下横档	4 个	4 个	半榫
3	后箍山面心板和上下横档	6 个	2 个	槽榫
4	后箍山面心板和外框竖档	2 个	2 个	槽榫
5	后箍山面心板和中竖档	4 个	4 个	槽榫
6	侧箍山外框竖档和上下横档	8 个	8 个	半榫
7	侧箍山中竖档和上下横档	4 个	4 个	半榫
8	侧箍山面心板和上下横档	8 面	4 面	槽榫
9	侧箍山面心板和外框竖档	4 面	4 面	槽榫
10	侧箍山面心板和中竖档	4 面	4 面	槽榫
11	前箍山外框竖档和上下横档	4 个	4 个	割角半榫

序号	榫卯结合点	榫数量	卯数量	榫　种
12	前箍山中竖档和上下横档	4个	4个	半榫
13	前箍山花板和上下横档	6个	2个	槽榫
14	前箍山花板和外框竖档	2个	2个	槽榫
15	前箍山花板和中竖档	4个	4个	槽榫

六、前挑檐

序号	榫卯结合点	榫数量	卯数量	榫　种
1	外框竖档和上横档	2个	2个	大进小出榫
2	中竖档和上横档	2个	2个	贯榫
3	中横档和外框竖档	2个	2个	大进小出榫
4	中竖档和中横档	2个	2个	十字榫
5	竖档和花篮形挂锤	4个	4个	半榫
6	上花板和上横档、中横档	6个	2个	槽榫
7	上花板和外框竖档	2个	2个	槽榫
8	上花板和竖档	4个	4个	槽榫
9	下花板和外框竖档	2个	2个	槽榫
10	下花板和竖档	4个	4个	槽榫

七、顶　板

序号	榫卯结合点	榫数量	卯数量	榫　种
1	竖档和横档	16个	16个	贯榫
2	面心板和横档	12个	4个	槽榫
3	面心板和外框竖档	4个	4个	槽榫
4	面心板和中竖档	8个	8个	槽榫

八、床　柱

序号	榫卯结合点	榫数量	卯数量	榫　种
1	后箍山和后左右角柱	4个	4个	走马销榫
2	侧箍山和后左右角柱	4个	4个	走马销榫
3	侧箍山和前左右角柱	4个	4个	满口吞夹子榫

续表

序号	榫卯结合点	榫数量	卯数量	榫　种
4	前箍山和前左右角柱	4个	4个	走马销榫
5	后围栏和后左右角柱	4个	4个	活榫
6	侧围栏和后左右角柱	4个	4个	活榫
7	侧围栏和前左右角柱	4个	4个	活榫
8	云纹框和前床柱	12个	12个	活榫
9	角牙和前箍山下横档	2个	2个	走马销榫
10	角牙和门柱	2个	2个	半榫
11	前夹档板和前左右角柱、前挑檐竖档反面	4个	4个	槽榫
12	侧箍山和前挑檐	2个	2个	半燕尾榫
13	侧箍山和前挑檐	2个	2个	燕尾榫

以上榫卯结合点共计101号，各种榫900个，卯874个。

后　记

　　我于 1963 年 4 月出身于南通近郊一个农民家庭。家里兄弟四人，我是老大，下面还有三个弟弟。在我小时候，过新年之前是家里最忙的时候。乡里家家户户都会把红纸送到我们家。爷爷王养谦用毛笔将各家各户的红纸一一分开记录，写好对联，卷好后注明是谁家的，然后一起放到一个字画大坛子里。待每家每户取走后，他才写我们自己家的对联。爷爷写好对联后，父亲和叔叔就一起开始张贴，贴完后就准备过年。爷爷除了为乡亲们写对联外，还为大家做了很多好事，但从来没收取人家任何报酬。爷爷这种无私付出、帮助别人的精神深深地影响了我。

　　我叔叔仅仅比我大 6 岁，我从小就和他一起玩。我们从小就受爷爷喜欢，他对我们的教育也特别多。他常和我说要吃苦耐劳，好好学习，孝敬长辈，万事以他人为先。爷爷把宋代政治家、文学家范仲淹的"先天下之忧而忧，后天下之乐而乐"的爱国情怀浓缩成了家庭教育思想。他的思想虽然没有范仲淹的观点那么伟大，但是他这种一直为他人着想的理念陪伴了我一生。

　　从我记事起，爷爷的床上就非常整洁，被子每天都被叠得整整齐齐。爷爷的床虽然没有黄花梨床、老红木床那么名贵，但陪伴了他一辈子。2019 年我创作的一组书房家具场景的作品《通作文人小架子床》荣获了第十四届中国民间文艺"山花奖"。这组作品的创作初衷就是为了纪念爷爷对我的启蒙教育。他一生做人清清白白，能帮助人时就尽量帮助，在我们家最困难的时候，宁可自己挨饿，也决不向困难低头。

　　南通通作家具类别，除了椅、台、桌、凳、橱、柜、案、几之外，还有拔步床、架子床、挑檐床、罗汉床及其他床榻。在这些床中，架子床最具普遍性，南通家家户户几乎都有。挑檐架子床则比较罕见，因而一般人都难说出它的具体模样。清中期以后的架子床都设置前下拉档和档板，并配以踏板，这是为了前立面美观和便于在床下面放东西。而清中期前制作的挑檐架子床，后来为了适应生活习俗，有的也改成了这种形式。因此，一些年代久远的家具，往往有增改部件的情况。挑檐架子床不但用材精良，做工考究，而且整个挑檐为雕刻部件，是珍贵的艺术品，且存世极少，这是一般架子床与其无法相比的。挑檐架子床一般安放在书房或卧室。床前、床下不会放置任何物件。

南通土壤肥沃，树种丰富，有柞榛木、香柏木（红芯）、榉木、桑木、榆木等树种。在家具原材料上不得不提的是楠木和扁柏。南通出现的楠木及柏木家具数量非常多。南通不仅是楠木、柏木家具的主要产地，还是明代黄花梨家具的主要产地之一。著名收藏家马未都先生曾经说过，中国有两处地方出产黄花梨家具最多，一是南通州，二是北通州。南通州指的就是南通，北通州则是北京通州。

柞榛是南通比较优质的树种，可以和黄花梨媲美。因为柞榛的各项物理指标都比其他硬木材料优秀，所以它不仅是家具的优良木材，也是木工做工具的首选用材，特别是做传统木工刨。用柞榛做的锯把手、锯嘴不易折断；用柞榛做的凿子柄更经得住捶打；用柞榛做的角尺可以随意弯折但不易断。只要把角度调整好，拿用柞榛做的木工刨刨料既好刨又轻松，刨的时候不会感觉特别累。特别是木工线刨，因为刨底是线模型，用柞榛做，哪怕是刨2 mm的线型，也不会轻易用坏。通作家具发展至今与柞榛工具有着密不可分的联系。

南通在历史上有过数次民族大融合，这使得南通地域文化既有江南水乡的钟灵毓秀，又有北方大漠的粗犷豪放。这种人文气息在通作家具中同样得到了传承。

南通文化影响了一代又一代的南通木匠。他们心灵手巧、技艺精湛，因而赢得了"木秀才"的美称。拔步床、挑檐床是除拐儿纹八仙桌之外木工比较难做的家具。南通手艺人有种说法，木工能不能带徒走遍天下，会不会做八仙桌、挑檐床是一个重要标准。八仙桌榫卯结构众多，而挑檐床除了榫卯结构众多之外，零件也多，立体造型工艺也烦琐，很多木工望而生畏。木工没有一定的几何知识、造型艺术水平、榫卯制作功底，是很难完成一个挑檐床作品的。

本人拙作《大器"婉"成——一张通作柞榛方桌的解析》已由苏州大学出版社出版。2019年年初，我在馆里选中一张乾隆时期的通作金丝楠木挑檐架子床进行拆解、研究。这张床的榫卯结构、造型艺术、线条美学和雕刻工艺确实让人敬佩。床楞和床帮半榫利用出榫楔子原理，被牢牢地连接在一起，不易松动。云纹框竖档和前角柱利用嫁接榫连接，保证框架和床角柱的节点连接。扒底销子榫使前牙条和前床帮紧紧地抱在一起。侧箍山与前左右角柱满口吞夹子榫接合后，伸出角柱前端的走马销榫运用杠杆原理，和前挑檐接合而不会倾斜。鱼尾扣榫很巧妙地把45°大割角运用在贵方工艺上。圆棒榫巧妙地把直横档和异形面连接在一起。围栏中竖档和贵方横档、云纹框十字榫竖档和横档、前挑檐中竖档和中横档三处的连接都充分体现了十字榫卯的结构精妙。割角都通过适当的比例被恰到好处地运用在横竖档上。浮雕雕刻工艺由浅到深，把花卉、山水、人物及动物做了恰如其分的和谐处理。指甲圆线延伸到金鱼背线的交圈运用、马蹄足弧线与直线的过渡处理、委角线在三处不同部位的对应处理也令人感叹不已。我对以上榫卯结构、造型工艺、线条雕刻及数据进行了记录、总结，按照1：1的比例画在宣纸上，以便更好地保护，为后人提供宝贵的借鉴资料。

在大家的关心、支持和帮助下，《一席绮梦——一张通作楠木挑檐架子床的解读》一书终于得以出版，我要由衷地感谢中国民间文艺家协会、江苏省民间文艺家协会，以及中共南通市委宣传部、南通市文联、南通市文物处的诸位领导对非遗传承工作的重视和对民间传统工艺的扶持；诚挚感谢中国民间文艺家协会副主席、中国工艺美术大师吴元新，中国工艺美术协会副会长、江苏省工艺美术行业协会常务副会长马达，中国艺术研究院研究生院副院长、中国艺术研究院工艺美术研究所所长、博士生导师孙建君，中央美术学院研究生院院长、教授、博士生导师许平，非物质文化遗产研究专家、民俗学家、南京大学历史学系教授徐艺乙，苏州大学教授、博士生导师廖军，江苏省民间文艺家协会主席陈国欢、副主席张丹，南通大学艺术学院院长、教授张卫，南通大学艺术学院副教授康卫东，江苏工程职业技术学院教授李波的全力支持；南通市委宣传部副部长王一鸣，南通市文联主席姜平及副主席陈国强、冯莹的关心和支持；深切感谢中国通作家具研究中心的黄培中、焦宝林、李玉坤、王宇明、赵彤、王曦、凌振荣、高培新、黄雪飞、罗锦松、赵明远、马夏、卜元、姜平、苗金卫、高坚等研究员的倾心相助；衷心感谢我的爱人陈云及全家的理解、鼓励和不懈的支持。

中国通作家具研究中心

王金祥

2021年3月3日

于南通通作家具博物馆